COOKING
巧厨娘

第 **3** 季

蝶儿 我食我素

编著 ▶ 蝶儿

U0273711

青岛出版社
QINGDAO PUBLISHING HOUSE

图书在版编目（ＣＩＰ）数据

蝶儿 我食我素 / 蝶儿编著. -- 青岛：青岛出版社,2016.3

（巧厨娘第3季）

ISBN 978-7-5552-1882-1

Ⅰ.①蝶… Ⅱ.①蝶… Ⅲ.①素菜 – 菜谱 Ⅳ.①TS972.123

中国版本图书馆CIP数据核字(2016)第021526号

蝶儿 我食我素

书　　　名	蝶儿 我食我素	
丛 书 名	巧厨娘第3季	
编　　著	蝶儿	
出 版 发 行	青岛出版社	
社　　　址	青岛市海尔路182号（266061）	
本 社 网 址	http://www.qdpub.com	
邮 购 电 话	13335059110　0532-85814750（传真）　0532-68068026	
策 划 组 稿	周鸿媛	
责 任 编 辑	杨子涵	
设 计 制 作	毕晓郁　宋修仪	
制　　版	青岛艺鑫制版印刷有限公司	
印　　刷	山东鸿杰印务集团有限公司	
出 版 日 期	2016年7月第1版　2016年7月第1次印刷	
开　　本	16开（710毫米×1010毫米）	
印　　张	14	
书　　号	ISBN 978-7-5552-1882-1	
定　　价	32.80元	

编校质量、盗版监督服务电话　400-653-2017　0532-68068638

印刷厂服务电话：0533-8510898

建议陈列类别：美食类　生活类

素食浅论

　　蝶儿在微信对我说："董老师，帮我的新书写篇序言吧。"随即就把一些资料发到了我的邮箱。作为搜狐新闻客户端吃货自媒体联盟的会长，总是要为会员做点事情的，于是我答应了。

　　中国素菜是中国菜的一个重要组成部分，其显著特点是以时鲜为主，选料考究、技艺精湛，品种繁多，风味别致。有人把中国的素食和和尚连在一起，说素食的起源在于庙宇，这是不对的。佛教从印度传到中国，本是不忌荤腥的。南北朝时期的梁武帝萧衍笃信佛教，三次出家，他本人吃素，也就号召和尚吃素。他以皇帝的身份在全国号召（实为强制）僧侣吃素，要求僧侣宣扬肉食的罪过，从此和尚便少了食肉的享受，改成只能吃素了。不让和尚吃肉有点不够人道，但是梁武帝的这些禁令却使和尚们创造出了一大批寺庙的素菜。

　　中国的素菜经过长时间的发展大致形成了三个体系。第一种是宫廷素菜，专为皇家服务，现在已经没有了，但其中的一些菜品流传到了民间。第二种是民间素菜，主要散存在专门供应素菜的菜馆里。这样的菜馆在南宋时期的杭州就已经出现了。所用的原料不外乎是一些笋、萝卜、面筋、豆制品、蘑菇之类的东西，做出的菜会起一个荤菜的名字，几可乱真。北京的神素斋、上海的功德林、广州的菜根香等，都是名重一时的素菜餐馆。第三种是寺院素菜，这也是最大的一个体系，全国有名的寺庙基本上都有素斋供香客随喜。最有名的该是上海玉佛寺的斋菜。玉佛寺的"素斋楼"自1979年开业以来，接待了几百万的食客，上到各国政要，下到百姓香客，都光顾过"素斋楼"。素斋楼用胡萝卜做成的蟹粉几可乱真。点心做得也很好，好吃、好看，有的几乎就是艺术品。有一道点心叫做"朝阳玉鹅"，汤是蔬菜汁染绿的淀粉，天鹅是面粉做的。盆中绿波荡漾，上浮六只洁白的天鹅，天鹅中还有馅儿。端上桌来，天鹅在绿波中浮动，使人不忍下箸。这餐饭比起我在北京法源寺随喜时吃过的素食，精美、精致了许多，也可口了许多，当时吃得很是过瘾。

　　中国素菜大致有以下的特点：一是可以乱真。素菜大多有个荤菜的名字，以素仿荤，形态逼真，鲜美可口，又是极为形象的艺术品，观之为享受，食之营养丰富。用的虽是植物性食材，但起的名字却使用了鸡鸭鱼肉的名号，而且还有的仿山珍海味，外观相当逼真。竹笋可以做成鱼翅状，冬瓜瓤可以做得如燕窝，面筋、腐竹、豆腐皮可以做成鸡鸭鱼肉的样子，看上去和真的无异，只有到了口中才能体会到真假的区别。说到饮食文化，这种高超的技法大致可以归到文化范畴中了。

二是用的绝对是植物性制品，不带任何动物性脂肪和动物性制品。我国地域广阔，地形、气候差异大，物产繁多，可用于烹制素菜的产品丰富，更重要的是中国厨师高超的技艺和丰富的想象力。有些时候烹调已经不是谋生的手段，而是一种艺术或是精神的追求了。自南宋到明清，士大夫们更是在享受的别出心裁方面下功夫，有钱有闲，不管家国，只问口腹。中国的饮食文化在这个阶段有了很大的发展，关于饮食方面的书籍也以这个阶段最多，且多是有名的文人所撰写的，素菜在这个阶段也就水涨船高地丰富起来。

三是素菜在中国的烹饪体系中自成系统，影响越来越大。素菜的保健和食疗作用被越来越多的人认识到，喜欢素菜的人也就越来越多了。防癌、减肥、降脂本是素菜显而易见的功效，如果再加上环境保护的美名，简直成了目前最时尚的饮食了。美食有了益于人类、家国、自身的名义，影响怎能不大呢？

这几年在传统素食之外，一种注重蔬食本真原味、不做仿荤菜的素食逐渐兴起。这类素菜能够让食客体会到蔬食本味，让自然的味道打动我们的味蕾，而不是经过多种调味，使用大量油脂并经过复杂烹饪之后的只是原材料不含动物性制品的素菜。我觉得能做出简单清爽、体现原味的素食才是真正的素食，蝶儿书中做的就是这样的素食。现在人们肚子里不缺油水，从养生的角度讲，素菜没有什么脂肪，不怕长肉，也就不怕胆固醇增加了。有意识地吃些素食，大概是可以起到延年益寿的作用的。

董克平：《舌尖上的中国》美食顾问，《中国味道》总顾问，美食专栏作者，著名美食评论家。

序 2

凡食有度，均衡为佳

现代人对于素食的追求，多源于环保理念、源于健康需求、源于轻食嗜好。对于现代人而言，饕餮美食、荤腥过度而诱发的健康疾患比比皆是，昔日脍炙人口的肉食美味，居然也造就了世间累累病痛。

素食当令，的确可以助人以健康，尤为适用于身患高血糖、心脑血管疾患、高尿酸血症、肥胖人士，有助于轻身健体、远离病痛，不营为明智之选。素食，有宗教素食和健康素食之分。宗教素食，又叫净素或绝对素食，不仅禁忌任何动物性食品，而且连葱、姜、蒜、韭、辣椒，及烹饪常用的香料也要禁忌，甚至素食荤形、素食荤名都在禁忌之列；健康素食，一般以蛋奶素食为主，即不以宰杀动物而获取的食材都可以食用，比如牛奶、奶酪、未受精的禽蛋。为保证健康，素食者必须要关注的是优质蛋白质的来源一定要充足，否则素食伤身也是多见的。牛奶和禽蛋、豆制品中含有优质的蛋白，可以提供给人体用以新陈代谢、生长发育和提高免疫力。

对于健康的普通人而言，素食最适宜的食用方式是分期素食和分餐素食。分期素食，是指在自己血脂、尿酸水平异常的时期选择阶段性素食；或每周固定几天素食。分餐素食，一般指每天一到两餐素食，另外餐次可以荤素搭配。术后病人在伤口愈合和恢复痊愈的阶段、儿童在生长发育、孕产妇在孕育生命和哺育幼儿的重要阶段，都需要大量的优质蛋白质和矿物质，所以不宜选择绝对素食，可选择分餐素食的方式。对于七八十岁的老人，绝对素食也会带来一系列的问题，比如蛋白质严重缺乏引起的骨质疏松、皮肤松弛、免疫力低下、内脏下垂等严重问题。所以，老人即使素食，也要选择蛋奶素为宜，而且身体有上述疾患的老人不建议素食。

凡食有度，均衡为佳。荤食无过，过错在于为满足口腹之欲而摄取无度；素食有益，益于适人、适时、适度。

北京军区总医院

于仁文：北京军区总医院首席营养配餐专家，国家教材《营养配餐师编委》，抗战胜利70周年阅兵老兵方队专职营养师。

打造健康的饮食习惯

　　之所以写这本关于素食的书，是源于看到身边的人越来越多地患高血压、高血脂、高胆固醇、动脉硬化等病症，还有肥胖的人群越来越壮大，这和平时生活中的饮食习惯有很大的关系。

　　饮食讲究荤素搭配、营养均衡，现在我们生活条件好了，天天吃大鱼大肉也是不健康的。适度摄入素食可以使我们减轻体重、清理肠胃、帮助身体清除垃圾，排出身体毒素、减少体内的胆固醇、减轻肾脏的负担。

　　这本书所提供的菜谱不是传统意义上的完全没有动物性食材的纯素食，而是按照国际流行的素食惯例，添加了奶、蛋、酒，可以让我们更多地摄入人体必须的优质蛋白质，为普通的百姓和家庭提供日常的饮食参考。净素人群将用料中的蛋、奶、酒及五辛（蒜、葱、兴渠、茖葱、薤）去掉即可。

　　本书精选了近百种菜谱，经过两年多的时间精心编写、制作并拍摄而成。全书分为凉菜、热菜、面食小吃、汤羹饮品等类，力求食材易得，制作上化繁为简，好学易做，味道和色彩搭配多样化。很多的步骤图使制作过程一目了然，详细的步骤文字简单易懂，即使是新手也能够一学就会。

　　本书的编写，离不开齐继章、苏秀斋、黄永兴、朱介英、齐桂红、齐伟、许建华、张宏升、陈丽华、赵明柱、张琼声、王华军、邵永洁、张齐童等的通力合作，在此向他们表示衷心的感谢。

　　在新书即将出版之际，蝶儿祝各位读者身体健康，幸福长寿！

2016年3月

目录  **Contents**

第三篇

小吃主食

令人食指大动的花样美味

小吃

主食

目录 Contents

书中调味料容量对照表

液态调料	固态调料
1汤匙=15毫升	1汤匙=15克
1茶匙=5毫升	1茶匙=5克

调味品用量依个人习惯，请根据自己的口味酌情添加。

第一篇
凉菜篇

▶▶ 色香味形
面面俱到

凉菜 **白灼秋葵**

秋葵又称羊角豆、咖啡黄葵、黄秋葵、毛茄等。秋葵嫩果中含有一种黏性液质及阿拉伯聚糖、半乳聚糖、鼠李聚糖、蛋白质等，具有预防贫血、保护视力、增强体质、美白润肤、补钙、强肾补虚的功效，经常食用可帮助消化、增强体力、保护肝脏、健胃整肠，特别适合糖尿病患者食用。

秋葵可以凉拌、炒、做汤，白灼是最简单也是特别美味的吃法。

 材料

原料
秋葵200克

调料
青芥末1茶匙
蒸鱼豉油1汤匙
盐1茶匙
植物油1汤匙

做法

1

秋葵洗净，用刀把蒂部切掉。

小贴士
焯烫秋葵之前一定要切去蒂部，否则焯烫过程中可能会爆开。

2

锅内加水，放入盐和植物油大火烧开。

3

锅中放入秋葵。

4

小火煮4~5分钟，捞出放入冷水中至完全降温，捞出装盘。蒸鱼豉油和青芥末也放入味碟一同上桌供蘸食。

小贴士
锅内捞出的秋葵立即放入冷水中，可以保持鲜艳的绿色。

凉菜

凉拌豌豆凉粉

炎炎夏日，来一碗冰凉剔透、酸辣开胃的凉粉，可谓一件美事。这道菜特别简单，只要切成块，加入自己喜爱的调料拌匀即可。豌豆凉粉也可以用绿豆凉粉、海草凉粉代替。

材料

原料

豌豆凉粉500克

调料

香菜段5克　　　大蒜末5克　　　味精1/4茶匙　　　辣椒油1茶匙
生抽1汤匙　　　盐1/2茶匙　　　熟芝麻2茶匙
陈醋2茶匙　　　白糖1茶匙　　　香油1/2茶匙

做法

1
豌豆凉粉切成块。

2
把凉粉、香菜、大蒜末放入大碗中。

3
放入盐、白糖、生抽、陈醋、味精、香油、辣椒油。

4
加入适量冷开水拌匀，撒上熟芝麻即可。

小贴士

凉粉切好后放入冰箱冷藏半小时再调味，吃着更爽口。

小贴士

调味时还可以加些芥末油，更加提味。

草莓冰草沙拉

凉菜

非洲冰草又名冰叶日中花，是一种新的特色食材，其叶鲜嫩多汁，水灵灵的极似水果，可生食，口感清爽、脆嫩多汁，清新口感在舌尖缓慢地化开。乍一看非洲冰草，会以为表面的"冰"是冰鲜后形成的，其实这是盐囊。冰草的确长得很奇特，整棵植株水灵灵的，茎叶上充满了水分，还附有一层天然的分泌物，看上去有点像"薄冰"，经久不化，而且擦不掉！非洲冰草含天然植物盐和黄酮类化合物，所以营养价值较高。

🥬 材料

原料

非洲冰草100克
草莓100克
烤面包片50克
熟花生米20克

调料

丘比甜味沙拉酱2汤匙

🧂 做法

1 非洲冰草洗净。

2 用手掐成小段。

小贴士

清洗非洲冰草的时候手法要轻，以免叶子破损。

3 烤面包片切小块。

4 草莓切滚刀块。

5 熟花生米去皮。

6 把非洲冰草、烤面包一起放入大碗中。

7 放入草莓，挤入丘比甜味沙拉酱。

8 最后放入花生米，拌匀即可。

小贴士

非洲冰草含有一定的盐分，所以沙拉不必再放盐了。

生菜甜椒沙拉

　　餐桌上蔬菜必不可少，比如这道沙拉，色彩艳丽，口感脆爽，通常都会被一抢而空。这道菜制作简单快捷，不需要过高的厨艺一样可以做好。

材料

原料

红甜椒150克
黄甜椒100克
生菜50克
熟花生米30克
葡萄干20克

调料

沙拉酱2汤匙

做法

1　所有的材料准备好，蔬菜洗净控干水分。

小贴士

所有的蔬菜洗净后在冷水中浸泡几分钟再切，吃起来更加爽利。

3　生菜切段。

4　葡萄干用水洗净。

5　沙拉碗中先放一半的生菜。

2　把红黄甜椒斜切成片。

6　再放入红黄甜椒。

7　然后放入剩余的生菜，撒入切碎的熟花生米和葡萄干。

8　最后挤入沙拉酱即可。

小贴士

这道菜吃的时候再把沙拉酱和蔬菜拌到一起，口感才好。

香菜红椒沙拉蛋

普通的煮鸡蛋是不是吃腻了？试试这款由煮鸡蛋变化而来的沙拉蛋吧。通过精心制作，简单又朴素的煮鸡蛋立马变得高大上，由于沙拉酱、盐的加入，使平淡无味的煮鸡蛋有了诱人的味道。

材料

原料
鸡蛋2个

调料
沙拉酱1茶匙
香菜梗2克
红甜椒5克
牛奶1茶匙
盐1/8茶匙
香菜叶4片

做法

1

鸡蛋放入冷水锅内，大火煮熟。

2

把鸡蛋皮剥掉。

小贴士
鸡蛋要煮全熟，这样蛋黄才容易制成细腻的泥。

3

再对半切开。

4

用小勺挖出鸡蛋黄。

5

香菜梗和红甜椒切末。

6

鸡蛋黄用刀背抹成泥。

7

把鸡蛋黄泥放入碗中，加入沙拉酱、盐、牛奶搅匀。

8

再放入香菜和红甜椒末拌匀（稍微留一点红甜椒末备用）。

9

把鸡蛋黄泥装入放置好菊花嘴的裱花袋中。

小贴士

10

挤在蛋白上，表面再撒少许红甜椒末，点缀香菜叶即可。

如果家里没有裱花袋，可以直接用勺子把鸡蛋黄泥填入蛋清中。

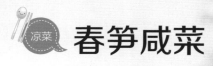

春笋咸菜

　　和朋友钟编辑聊天，说到给儿子回学校带了买的"红油脆笋片"，儿子很爱吃。钟编辑就给我推荐了她外婆的拿手小菜——春笋咸菜，说老人家每年春天都会做满满一大盆，深受家人的喜爱。这道菜的制作方法让我想起北方的熏鱼，大体程序差不多，先炸后用料汁浸泡。忍不住手痒，我自己也尝试了一下，真不愧是老人家的拿手菜，制作过程中没有添加一点荤腥，吃起来竟然有肉的香味，爽脆、鲜嫩、微甜。

材料

原料
春笋1个（约730克）

调料
黄豆酱油40克
白糖30克
八角1个
草果1个

桂皮2克
花椒1茶匙
香葱15克
生姜10克

盐2茶匙
味精1/4茶匙
植物油适量

做法

1　准备好春笋。

2　剥去笋衣，并且用刀切掉老的根部。

3　把春笋切成厚约为3毫米的片。

4　锅内加水，放入1茶匙盐。

5　放入切好的笋片。

6　开锅后煮3~5分钟。

7　捞出的笋片控水后用厨纸吸去表面的水分。

8　把笋片放入五成热的油锅中炸。

小贴士
竹笋含草酸，会有涩涩的口感。利用草酸可溶于水的性质，将笋片先焯水后再烹制，就可以去除涩味了。

小贴士
厨纸吸去笋片表面的水分，炸的时候油就不容易迸溅。

9　炸到笋片微微打卷弯曲的时候捞出来。

10　所有的调料准备好，香葱打结，生姜切片，草果用刀拍裂。

11　调料全部放入小锅中。

12　再加入适量的水，放在炉子上大火烧开，转小火煮10分钟。

13　把煮好的调味汁直接倒在炸好的笋片上。

14　浸泡3~5天即可食用。

小贴士
做好的春笋咸菜要放入冰箱或密封的坛子中存储。

凉菜 **剁椒拌莴笋**

🍥 材料

原料
莴笋250克
剁椒酱1汤匙

调料
盐1/2茶匙
味精1/4茶匙
香油适量

　　莴笋，又名莴苣、生笋、白笋、千金菜等。莴笋色泽淡绿如碧玉，制作菜肴可荤可素，可凉可热，口感爽脆。莴笋含钾量较高，有利于促进排尿，减少对心房的压力，对高血压和心脏病患者极为有益；含有少量的碘元素，对人的基础代谢、心智和体格发育甚至情绪调节都有重大影响，具有镇静作用，经常食用有助于消除紧张，帮助睡眠；莴笋还含有非常丰富的氟元素，可参与牙和骨的生长，改善肝脏功能，刺激消化液的分泌，促进食欲，有助于抵御风湿性疾病和痛风。

🧂 做法

1 莴笋洗净后削去外皮，切成筷子粗细、长7~8厘米的条。

小贴士
莴笋条要切得粗细均匀，这样入味才均匀。

2 把盐放入莴笋条中用手抓匀，腌制10分钟，沥去腌出的水分。

小贴士
先用盐腌制是为了去除莴笋中多余的水分，吃起来更脆爽。

3 倒入香油，加味精拌匀。

4 莴笋条摆入盘中，上面放入剁椒酱，吃的时候拌匀即可。

凉拌杭椒洋姜

秋天到了，可以吃到很多当季的新鲜蔬菜，洋姜就是其中之一。洋姜学名菊芋，又叫菊姜、鬼子姜，除了可以腌成菜，还可以凉拌、炒、煮粥、晒干。洋姜具有降糖消渴、利水除湿、益胃和中等功效。

这道菜特别的开胃，很适合配粥或者夹在馒头里吃。

材料

原料
洋姜150克
杭椒50克

调料
盐1/2茶匙
白糖1/2茶匙
生抽1茶匙
米醋2茶匙
香油1茶匙

制作关键

1. 洋姜的外表不太规整，不易洗净，一定要用刷子在流动水下刷洗干净。
2. 如果你喜欢更辣的味道，还可以加些辣椒油。

做法

洋姜和杭椒洗净。

杭椒切掉顶部，然后切成薄厚均匀的圈。

洋姜切细条，放入容器中，加入切好的杭椒。

加入盐和白糖。

最后放入生抽、米醋、香油拌匀即可。

腐乳香菜拌白萝卜

凉菜

这是一道天津风味的凉拌小菜。天津人比较喜欢豆腐乳（也称为酱豆腐）的味道，比如煎饼果子里面、素菜包子里面都有豆腐乳。豆腐乳是豆腐调味后经过长时间的发酵制成的风味食品，吃起来味道浓郁，开胃下饭。

白萝卜是一种常见的蔬菜，生食熟食均可，略带辛辣味。白萝卜含芥子油、淀粉酶和粗纤维，具有促进消化、增强食欲、加快胃肠蠕动和止咳化痰的作用。中医理论也认为该品味辛甘，性凉，入肺胃经，为食疗佳品，可以治疗或辅助治疗多种疾病，《本草纲目》称之为"蔬中最有利者"。

🫑 材料

原料
白萝卜250克
红腐乳10克
腐乳汁1汤匙
香菜5克

调料
盐3/2茶匙
白糖1/2茶匙
味精1/4茶匙

🫙 做法

1 白萝卜去皮后切成1厘米见方的丁。

2 白萝卜丁中放入1茶匙的盐。

3 用手抓匀后腌制10分钟。

4 将红腐乳、腐乳汁、白糖、味精和剩余的盐放入小碗中。

5 用勺子把红腐乳碾碎，搅拌至盐糖溶化，用网筛过筛。

小贴士

腐乳调味汁过筛后很细腻，不会有一块块的。如果嫌麻烦这步可以省略。

6 香菜切段。

7 腌制好的白萝卜用清水冲洗后挤干水分，把调好的腐乳味汁放入白萝卜中。

小贴士

白萝卜丁预先腌制后洗净挤干水分，可以去除辛辣和臭萝卜味。

8 再放入香菜段拌匀即可。

花生米拌香芹

这道小菜制作简便、色泽亮丽、味道清爽，无论是作为早餐小菜或者正餐配菜，都特别合适，芹菜碧绿脆爽，花生米香浓，堪称绝配。煮花生米可以换成炒芝麻、大杏仁，或者油炸花生米。芹菜可以换成豇豆、莴笋、大白菜都等。

花生属于高脂肪、高蛋白食物，产热量高于肉类，比牛奶高20%，比鸡蛋高40%，故食用花生可迅速恢复体力。花生含有维生素E和一定量的锌，能增强记忆、抗老化、延缓脑功能衰退，滋润皮肤。芹菜具有平肝降压作用，还能增强食欲、安定情绪、消除烦躁、利尿、助消化，芹菜汁还有降血糖作用。

芹菜可作为主料，炒、拌、炝成菜；或作为配料，增加菜品的美观度；也可用来制作包子、饺子等的馅料。

🥔 材料

原料	调料
香芹250克	盐1/2茶匙
水发黑木耳50克	白糖1/2茶匙
花生米50克	味精1/4茶匙
	香油1茶匙

🧂 做法

香芹择去菜叶后洗净，切成寸段。香芹叶留作他用。

锅内加水烧开，放入香芹焯烫至变色，捞入冷水中降温。

小贴士

香芹焯烫后立即放入冷水中，可以保持翠绿的颜色。

黑木耳放入锅内煮2分钟，捞出放入放芹菜的凉水盆中降温。

花生米放入锅内煮5分钟捞出。

香芹、黑木耳沥净水分，放入大碗中，再放入花生米。

放入所有的调料，拌匀即可。

小贴士

这道菜冷藏后再食用口感更好。

微波花生米

对花生的喜爱源自儿时的记忆。小时候家里条件比较艰苦，能吃饱饭就已经不错了。姥爷炒了花生都会藏起来，每次只给一小把，还告诉我说吃多了就不香了。我总是非常珍惜，不舍得快速吃完，细嚼慢咽，细细品味花生的味道，感觉真是美极了。

如今姥爷早已在天堂，不再管我，现在又多出一个管我的人，那就是老公。每次吃炒花生米都限制我不让多吃，还用我说要减肥的话来打击我，唉！看来再喜欢的食物也要适可而止。

现代社会里快节奏的生活使上班族钟情于快手菜，这道微波炉炒花生米正好符合要求：无须动火，少油，无油烟，方便快捷。口味则一点都不输于用炒锅炒出来的花生米，甚至比炒花生米还香。因为微波炉是使食物内外一同加热，这样做好的花生米口感会更酥脆。

材料

原料
花生米300克

调料
植物油1茶匙
盐1/2茶匙

制作关键

1. 花生米进行第二次、第三次加热的时间不要过长；常翻动花生米使之受热均匀，炒好后色泽均匀漂亮。
2. 如果花生米量多，则加热时间要相对延长，从第二次加热开始时间一分钟一分钟的增加，效果才好。

做法

1

把花生米放入耐热容器中，放入植物油。

2

用勺子拌匀。

3

把花生米放入微波炉中，高火加热2分钟。

4

取出花生米，翻拌均匀。

5

再次放入微波炉加热1分钟，取出搅拌后再加热40秒，捻开花生红衣会看到花生仁微黄。

6

放入盐，拌匀后放凉即可。

小贴士
依个人口味，可以将盐换成白糖，做成甜味的炒花生米。

凉菜 芥末油凉拌黑木耳

黑木耳具有益气强身、滋肾养胃、活血等功能，能抗血凝、抗血栓、降血脂，降低血液黏稠度，软化血管，使血液流动通畅，减少心血管病发生。黑木耳还有较强的吸附作用，经常食用能促进体内产生的垃圾及时排出体外，对胆结石、肾结石也有较好的化解功能。黑木耳质嫩味美，一般以干品泡发后，炒食、做汤或凉拌，也可鲜食。黑木耳可制作多种菜肴，用作主料或配料皆宜。

此菜中的黄彩椒可换成青椒、红彩椒、胡萝卜、洋葱、芹菜等。

材料

原料
水发黑木耳400克
黄彩椒50克
香菜10克

调料
盐1/2茶匙
白糖1/2茶匙
味精1/4茶匙
生抽2茶匙
米醋1汤匙
芥末油1/2茶匙
香油1茶匙

做法

1

水发黑木耳去掉硬根，洗净。

小贴士
黑木耳最好用冷水浸泡以泡发，这样吃起来比较脆。

2

锅内水烧开，放入黑木耳焯烫2~3分钟。

小贴士
黑木耳焯烫时间不宜过长。

3

捞出浸泡在冷水中降温。

4

黄彩椒切条，香菜切段。

5

把黑木耳捞出挤干水分，和黄彩椒、香菜段一起放入容器中。

6

放入盐、白糖、味精、生抽、米醋。

7

再放入芥末油、香油。

小贴士
芥末油也可以用市售的辣根、芥末酱代替。

8

拌匀即可。

凉菜 开胃腌黄瓜

夏季里，很多饭店都会准备一些开胃的咸菜，这道腌黄瓜就是其中之一。用我的方法做出的腌黄瓜足以媲美酒店所出，腌好后密封放入冰箱冷藏，可以保存3~5天，随吃随取，既可佐粥，又可作为正餐开胃小菜。

我用的黄瓜是朋友送的自家种的有机黄瓜，吃起来脆爽鲜嫩，味道非常好。

做法

1 黄瓜、青红椒洗净。

2 把黄瓜切成条，放入所有的盐。

3 用手抓匀，腌制30分钟，中间翻动2次。

小贴士
因为这里做的是小咸菜，所以加的盐比较多，如果作为凉拌菜吃，可以少放点盐。

4 青红椒去籽去蒂后切条。

5 生姜切片，干红辣椒表面用拧干的湿布擦干净。

6 白酒、生抽、老抽、陈醋放入小碗中。

材料

原料
黄瓜1000克
青椒150克
红椒100克

调料
生姜10克
白酒1茶匙
盐3汤匙
白糖3汤匙
生抽2汤匙
老抽1汤匙
陈醋2汤匙
味精1/2茶匙
八角1个
花椒2茶匙
麻椒2茶匙
干红辣椒6个
植物油适量

7 锅烧热，放油，放入花椒、麻椒、八角、剪成段的干辣椒、生姜片，小火炒香。

小贴士
冷油放入香料，小火慢炒，香料的香味才能充分释放。

8 趁热烹入小碗中的味汁，关火晾凉。

小贴士
小碗中的味汁要趁热烹入锅内，用油炝熟，香味才独特。

9 腌制过的黄瓜用手挤出水分。

10 放入青红椒条。

11 放入白糖、味精，倒入炒好的香料汁拌匀。

12 放入保鲜盒中，密封后放入冰箱冷藏1~2小时即可食用。

凉拌虫草花金针菇

虫草花并不是虫草开的花，而是人工培育出的蛹虫草，是一种真菌，与香菇、平菇等食用菌很相似。新鲜的虫草花颜色非常漂亮，功效接近于虫草，药效略逊，性质平和，不寒不燥，多数人都可以放心食用。

虫草花可补肺肾、止咳嗽、益虚损、扶精气，适用于肺肾两虚、精气不足、阳痿遗精、咳嗽气短、自汗盗汗、腰膝酸软、劳嗽痰血等。虫草花含有虫草酸和虫草素，能综合调理人机体内环境，增强和调节人体免疫功能。

🍲 材料

原料
虫草花160克
金针菇120克

调料
香葱15克
香菜5克
盐1/2茶匙
白糖1/2茶匙
白醋2茶匙
味精1/4茶匙
橄榄油1汤匙

🍚 做法

1

香葱切粒，香菜切成段。

2

金针菇切掉老的根部后洗净。

3

虫草花洗净。

4

锅内加水烧开，放入金针菇焯2~3分钟，捞出放入冷水中降温。

小贴士
金针菇和虫草花一定要完全焯透。

5

把虫草花也放入锅内，焯烫2~3分钟，捞入冷水中。

6

将已经降温的金针菇和虫草花捞出，挤干水分。

7

把金针菇、虫草花、香葱粒、香菜段放入大碗中。

8

橄榄油烧热，浇在香葱粒上。

9

放入盐、白糖、味精、白醋，拌匀即可。

小贴士
橄榄油要烧热，这样香葱的香味才会被激发出来。

皮蛋拌豆腐

这道菜黑白相配，从视觉上给人以很大的反差，豆腐吃起来细嫩，皮蛋鲜香，还有脆脆的花生米和开胃的调味汁完美搭配，是特别爽口的一道小菜。这道菜不仅味道好，做法也简单快捷，我自己特别喜欢这个味道和搭配。

🍲 做法

1. 皮蛋去皮后洗净，香葱洗净。

2. 香葱切小圈，皮蛋切粒。

3. 熟花生米去皮后用刀切碎。

4. 内酯豆腐倒扣在案板上，切成大片，装盘。

小贴士

倒扣出完整的内酯豆腐的窍门是：用刀划开包装盒上的塑料膜，将刀竖起来沿塑料盒内部边缘划一圈，倒扣，用刀把盒子四个角削开，使里面进入空气，就很容易完整地扣出来了。内酯豆腐很嫩，切的时候要小心，装盘时用刀在底部平托起放入盘中。

🧄 材料

原料

内酯豆腐200克
皮蛋1个
熟花生米10克

调料

香葱3克
盐1/4茶匙
白糖1/2茶匙
味精1/8茶匙
香油1/2茶匙
辣椒油1茶匙
米醋1茶匙
生抽1茶匙

5. 把调料中除香葱和辣椒油外的所有材料放入小碗中调匀成味汁。

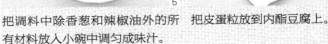

6. 把皮蛋粒放到内酯豆腐上。

小贴士

喜欢刺激味道的还可以加入芥末，更加开胃。

7. 撒上花生碎和香葱圈。

8. 倒入调好的味汁，再浇入辣椒油即可。

凉菜 香菜梗拌
豆腐丝

　　大蒜是天然的植物广谱抗菌素，其含有的大蒜素有很强的杀菌作用，所以夏季应该多吃点大蒜。但是需要说明的一点是大蒜切碎或切片后放置15分钟左右才会产生大蒜素，直接吃是不会有效果的。大蒜有味不用怕，吃点山楂，嚼点花生米，再嚼点好茶叶就没味了。

　　香菜能健胃消食、发汗透疹、利尿通便、驱风解毒。香菜中的特殊香味可以增强食欲。豆腐皮含有丰富的植物蛋白、氨基酸和维生素，易于被人体吸收利用。

　　豆腐皮可以用茶干来代替，蒜蓉可以用剁椒酱来代替。

材料

原料
豆腐皮150克
香菜15克
红彩椒30克

调料
盐1/2茶匙
大蒜10克
生抽2茶匙
陈醋1汤匙
味精1/4茶匙
香油1茶匙
熟芝麻1茶匙

做法

1

香菜、红彩椒洗净，香菜择去叶子只要香菜梗。

小贴士
择下来的香菜叶子可以用来做汤，不要浪费。

2

豆腐皮切丝。

3

香菜梗切长段。

4

红彩椒片去里面的瓤。

5

再切成丝。

6

大蒜切成碎末，放置15分钟。

小贴士
大蒜碎要与空气接触15分钟才会产生大蒜素，才有杀菌的功效。

7

把豆腐皮、香菜梗、彩椒丝、大蒜碎放入大碗中。

8

再放入盐、生抽、陈醋、味精、香油拌匀，装盘后撒入熟芝麻即可。

山楂糕酿棕榈芯

凉菜

这又是一道酸甜开胃的小菜，因其造型好似一枚枚钱币，有财源滚滚的好意头，作为节日菜肴非常合适。

有些食材可遇而不可求，这个棕榈芯罐头就是朋友小孔老师拿来给我们品尝的，之前还真没有见到过。棕榈芯看起来像竹笋，入口微酸而有清香，口感细嫩，中间的芯尤其软嫩，用舌头一抹几乎就可以变成泥状。

棕榈芯是只生长于南美洲亚马孙流域及其周边地区的栲恩特棕榈树的树茎内芯，由于生长环境的限制，非常珍贵，被称作蔬菜之王。棕榈芯不含脂肪、胆固醇和糖类，却含有大量的膳食纤维、维生素C、钙、铁和植物蛋白，与橄榄油和纳豆并称三大健康食品。棕榈芯可以直接食用，或用于制作沙拉、开胃品，也可以用于烹制热菜，如用作肉类和汤的辅料。

材料

原料

罐头棕榈芯2根（约150克）　　　山楂糕100克

做法

1　准备好棕榈芯和山楂糕。

小贴士

罐头棕榈芯特别嫩，操作时手法要轻，以免破相。

2　把棕榈芯的中间部分取出。

3　山楂糕用刀背抹开。

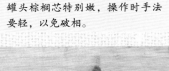

4　成为细腻的山楂泥。

5　用小勺把山楂泥酿入棕榈芯内。

小贴士

酿山楂泥时可以用筷子辅助填满。

6　切成厚片，装盘。取出的芯的中间部分斜切，摆在旁边即可。

凉菜 油醋苦菊拌紫甘蓝

夏季天气湿热，令人胃口不太好，凉拌菜既能最大限度地保持蔬菜的营养不被破坏，又爽口开胃，非常适合夏季食用。

夏季应吃些苦味蔬菜，既可以消暑，又有清心明目的功效。苦菊又名苦菜、狗牙生菜，有抗菌、解热、消炎、明目等作用。苦菊味道略苦，颜色碧绿，既可炒食又可以凉拌。苦菊有清热解暑的功效，还能杀菌，对黄疸性肝炎、咽喉炎、细菌性痢疾、感冒发热及慢性气管炎、扁桃体炎等均有一定的疗效。

紫甘蓝含有丰富的维生素C、较多的维生素E和维生素B族、花青素、纤维素等，常食能增强人体的活力；紫甘蓝含有丰富的硫元素，对于各种皮肤瘙痒、湿疹等具有一定疗效；此外，紫甘蓝还能减肥、防便秘、缓解关节疼痛、防治感冒引起的咽喉疼痛。

🧄 材料

原料

苦菊150克

紫甘蓝150克

洋葱100克

调料

盐3/4茶匙

白糖1汤匙

陈醋1汤匙

味精1/4茶匙

香油1茶匙

🍲 做法

所有原料清洗干净。

苦菊去根，浸泡在冷水中15分钟。

小贴士

所有的蔬菜洗净后都要浸泡，使口感更加脆爽。浸泡蔬菜的水温最好在5℃以下，可以加冰块。

紫甘蓝切丝，浸泡在冷水中15分钟。

洋葱切丝，用冷水浸泡5分钟。

苦菊沥干水分后切段。

所有调料放入小碗中搅匀。

把紫甘蓝、洋葱沥干水分，放入盆中，再放入苦菊段。

调好的味汁倒入盆中拌匀即可。

小贴士

这道菜一定要现吃现拌味道才好。

凉菜 蒜蓉炝拌景天田七

景天田七又叫费菜、养心菜、救心菜，具有很高的营养价值。吃法也是多种多样，可以凉拌、炒、烧汤、涮火锅等。

🧄 材料

原料	调料	
景天田七200克	干辣椒3个	味精1/4茶匙
	大蒜15克	白糖1/4茶匙
	盐1/2茶匙	植物油适量

🍚 做法

所有材料准备好。

锅内加水烧开，放入景天田七焯烫2分钟。

小贴士

景天田七焯烫时间不要过长，以免口感变差。

干辣椒切段，大蒜切末。

锅内的景天田七捞入冷水中降温。

挤干水分后放入盆中，用盐、白糖、味精拌匀后装盘。

表面放上大蒜末和干辣椒段。

另起锅烧热，放入适量植物油烧至八成热。

小贴士

舀起热油淋到干辣椒和大蒜末上即可。

最后浇的油一定要足够热，才能激发出干辣椒和蒜的香味。

温拌椒香马齿苋

马齿苋在我的老家又叫蚂蚱菜，生命力极强，常见于夏季的田间地头，是人们喜欢吃的野菜之一。老家的人通常把马齿苋洗净烫熟，挤干水分，用捣碎的蒜泥拌着吃，很爽口。我在这个基础上，又加了花椒和辣椒来调味，吃起来更加美味。

材料

原料
马齿苋500克

调料
花椒1汤匙
干辣椒5克
盐1茶匙
白糖1茶匙
大葱3克
大蒜10克
味精1/4茶匙
植物油适量

做法

马齿苋择去老根，清洗干净。

大葱和大蒜切碎，干辣椒用剪刀剪成段。

小贴士
马齿苋老的根茎要择去，否则影响口感。

锅内加水烧开，放入马齿苋焯烫至变色。

捞出后立即放入冷水中降温。

小贴士
马齿苋焯烫后立即放入冷水中降温，可保持其绿色，不会因持续受热而变黄。

把马齿苋挤干水分，切成段。

起油锅，放入花椒爆出香味，把花椒捞出来。

再放入葱蒜碎爆香。

放入干辣椒段炒出香味，关火。

锅内稍凉后，放入马齿苋。

加入盐、白糖、味精拌匀即可。

金丝瓜又名金瓜、搅瓜、面条瓜、鱼翅瓜、搅丝瓜等，是葫芦科美洲南瓜的一个变种。在中国主要出产于江苏、上海、山东、安徽、河北等省市，其中以上海市崇明县的瀛洲金瓜最为著名。

　　金丝瓜味似海蜇，形似鱼翅，可凉拌、热炒、做汤、入馅、涮火锅等。第一次吃到金丝瓜是我老公的二姨从崇明岛带回的，距今已经很多年了。首次见到金丝瓜感到特别神奇，略微蒸煮后只需用筷子一搅就出现根根细丝，比手工切出的土豆丝均匀多了，吃起来还有脆脆的口感。

葱油金丝瓜

材料

原料

金丝瓜1个

调料

香葱10克
植物油2汤匙
生抽2汤匙
盐1/2茶匙
白糖1/2茶匙
胡椒粉1/4茶匙

做法

1

金丝瓜洗净，从中间一切两半。

小贴士
金丝瓜也可以整个入锅蒸5~7分
钟，再切开去子后搅丝。

2

用小勺挖去中间的瓤。

3

把金丝瓜放入锅内，加水没过金
丝瓜煮3~4分钟。

4

取出金丝瓜用凉水冲洗至不烫
手，用手揉搓金丝瓜外皮，再用
筷子在里面搅动，搅出瓜丝。

5

用冷水冲洗掉瓜丝表面的黏液，
浸泡在冷水中。

小贴士
蒸好的瓜丝在冷水中浸泡几分
钟，吃起来更爽脆。

6

香葱切圈。

7

植物油烧至八成热，浇在盛放香
葱圈的碗中，加入生抽、白糖、
盐、胡椒粉搅拌均匀。

小贴士
喜欢吃辣的可调入适量辣椒油。

8

取适量瓜丝挤干水分，放入容器
中，加入适量做好的葱油调味汁
拌匀即可。

速成泡菜

　　去饭店的时候餐前经常会上小碟开胃的泡菜，其中一款就是用圆白菜（也叫大头菜、包菜、莲花白）做的，吃起来爽口又开胃。回家自己也来做，味道更好，里面加了我自制的剁椒酱，酸爽咸香。

材料

原料

圆白菜500克
剁椒酱70克
蒜黄40克

调料

白米醋3汤匙
盐1汤匙
白糖2汤匙

做法

1

圆白菜和蒜黄洗净。

小贴士

圆白菜最好选择心软一点的，口感更嫩。

2

把圆白菜掰成大片。

小贴士

圆白菜用手掰成片，比用刀切的口感要好。

3

加入盐，拌匀后腌制30分钟。

4

可以看到腌出很多水，把腌出的水倒掉。

5

用手把圆白菜略挤一下。

6

蒜黄切段。

7

把蒜黄、剁椒酱、白糖放入圆白菜中。

8

然后放入白米醋。

9

搅拌均匀。

10

装入保鲜盒，放入冰箱冷藏腌制2小时以上即可食用。

小贴士

拌好的凉菜放入冰箱腌制，既有助于入味，吃起来口感还脆。

蜜汁苦瓜片

材料

• 原料

苦瓜1根（约300克）

蜂蜜1汤匙

水发枸杞适量

制作
关键

苦瓜要选用皮厚肉多的为好。

记得我小时候隔壁的叔叔每年都在自己家的小院子里种苦瓜，成熟后摘下，用辣椒炒了吃得津津有味。那时候感觉好奇怪：又辣又苦的东西居然有人爱吃？渐渐地长大了，不知从什么时候开始喜欢上了苦瓜的味道。就像人生百味，苦中可以品味出其本身的那缕清香，尤其是夏天吃些苦瓜，可以清热消暑、明目解毒、益气壮阳，还特别适合想减肥者和糖尿病人食用。

这道菜中苦瓜被片成极薄的片，用冰水浸泡过，而后加蜂蜜，吃起来基本不苦，即使平时不吃苦瓜的人也是可以接受的。在你心情烦躁或者上火起痘痘的时候，不妨试试这道菜。

做法

1

用刷子在流动水下把苦瓜刷洗干净。

2

用削皮刀把苦瓜刨成薄片。

3

苦瓜绿的部分全部刨成片。

4

碗中加入冰水，放入苦瓜片浸泡30分钟。

小贴士

浸泡苦瓜的水要用冰水，吃起来更爽脆。

5

苦瓜片沥干水分，放入盘中。

6

表面放上沥干水分的枸杞，再淋入蜂蜜即可。

第二篇

热菜篇

▶▶ 煎炒烹炸

蒸烩熘焖

热菜 时蔬白菜包

稍微花点心思，在家也能做出酒店水准的美味素食。白菜寓意百财，这道时蔬白菜包看起来漂亮，吃起来清爽，作为过年过节的餐桌肴也非常合适。

🥄 材料

原料

大白菜4片（约80克）　香菇40克
青毛豆100克　　　　红椒20克
甜玉米粒100克

调料

水发枸杞4颗　　　植物油适量
盐3/4茶匙　　　　大葱5克
白糖1/2茶匙　　　大蒜3克
干淀粉2茶匙　　　马莲草4根（或香菜梗4根）

做法

香菇切成丁。干淀粉加适量水调匀成水淀粉。

白菜叶和菜帮分开，白菜帮切粒。

小贴士

为了成菜漂亮，要选菜叶颜色绿些的白菜。

红椒切粒，大葱、大蒜分别切末。

锅内加水烧开，放入白菜叶烫软，捞入冷水中降温。

小贴士

焯烫好的白菜叶要立即放入冷水中，才能保持鲜艳的绿色。

锅内的水重新烧开，放入白菜帮和香菇粒焯烫1分钟，捞出。

放入玉米粒和青毛豆煮熟，捞出。

焯烫好的白菜帮粒、香菇粒、青毛豆、玉米粒过凉后沥干水分。

马莲草放入开水锅内烫软。

起油锅，放入葱蒜末爆出香味。

放入白菜帮粒、香菇粒、青毛豆、玉米粒和红椒粒，加入1/2茶匙盐、白糖略炒。

倒入一半调好的水淀粉快速炒匀，盛出。

案板上铺一片已经烫软的白菜叶，中间放入适量炒好的蔬菜丁。

用白菜叶把蔬菜丁包裹起来，再用马莲草把白菜叶捆起来扎紧。

做好的白菜包放入蒸锅，大火蒸4分钟。

锅内放入少许的水，加入剩余的1/4茶匙盐烧开，倒入剩余水淀粉，烧成透明的芡汁。

蒸好的白菜包顶部点缀一颗水发枸杞，把做好的芡汁淋到白菜包上即可。

小贴士

芡汁不宜稠，略稀为好。

去临朐秋游时品尝了这道醋溜苤蓝丝，还吃到槐花蛋饼、荠菜蛋饼等特色美食，真是不虚此行啊。苤蓝一般用于凉拌或者腌咸菜，没想到还能像土豆一样用来醋溜，故学了回来与大家分享。

苤蓝是甘蓝的一种，学名叫球茎甘蓝，又称茄莲，俗称苤蓝、芥蓝头，是甘蓝的一个变种，介于大头菜和包心菜之间。苤蓝维生素含量十分丰富，对胃病有治疗作用，还能止痛生肌，促进胃与十二指肠溃疡的愈合；苤蓝含大量水分和膳食纤维，可宽肠通便，防治便秘，排除毒素；苤蓝还含有丰富的维生素E，有增强人体免疫功能的作用；其所含微量元素钼，能抑制亚硝酸胺的合成，因而具有一定的防癌抗癌作用。

🍇 材料

原料
苤蓝350克
香菜梗10克

调料
大葱5克
香醋2茶匙
白糖1/2茶匙
盐3/4茶匙
味精1/4茶匙
植物油适量

🍲 做法

苤蓝洗净，削去外皮。

用刨丝器擦成丝。

香菜梗切段，大葱切碎。

起油锅，油温四成热时放入大葱碎爆香。

放入苤蓝丝。

加入盐。

放入白糖。

淋入香醋，快速炒至苤蓝丝稍稍变软，放入香菜梗和味精炒匀即可。

小贴士

这道菜主要突出醋的风味，故醋的量不能少。香菜梗最后放，利用菜的余温烫熟即可，可保持香菜梗的脆度。

豆豉辣炒藕片

秋季新上市的新鲜莲藕，用来炒着吃既简单又美味，藕片炒过之后吃着竟有荸荠的脆爽口感，特别是加了酱香浓郁的豆豉后，味道更具中式风味。这道菜搭配米饭都能多吃一碗，是餐桌上非常受欢迎的菜品。

材料

原料
莲藕250克
豆豉20克
红尖椒20克

调料
大蒜5克
大葱8克
盐1/2茶匙
白糖1/2茶匙
味精1/4茶匙
干淀粉1茶匙
植物油适量

做法

1
大蒜和大葱切片，红尖椒切圈。

2
莲藕去皮后，切成半圆形的片，过清水。

小贴士

藕片尽量切得薄一些，便于炒熟和入味。

3
起油锅，油温四成热时放入豆豉煸出香味。

4
再放入葱蒜片爆香。

小贴士

豆豉一定要先煸出香味，再放其他材料，这样才能充分地释放出其独特的酱香味。

5
放入红尖椒圈略炒。

6
把藕片放入锅内。

7
加盐、白糖快速翻炒1分钟。

8
干淀粉加适量水稀释后，倒入锅内勾芡，加味精炒匀即可。

香菇炒有机菜花

洁白的菜花沾染了番茄酱的颜色，呈现出靓丽的色彩，在视觉上就给人一丝温暖的感觉。吃起来更是酸而微甜，脆嫩可口。有机菜花相比普通菜花口感更细嫩，食后更易消化吸收，适宜于中老年人、儿童和脾胃虚弱、消化功能不强者食用，也特别适合在冬季食用。

菜花还有补肾填精、健脑壮骨、补脾和胃的作用。多吃菜花还可以防癌抗癌，减慢癌细胞的生长速度。

材料

原料
有机菜花500克
番茄酱40克
香菇40克

调料
盐1茶匙
白糖1/2茶匙
干淀粉2茶匙
大蒜5克
植物油适量

做法

1. 有机菜花切成小朵，洗干净后沥净水分。

大蒜切末。

小贴士
有机菜花要切成一小朵一小朵的样子，不要太碎。

3. 香菇切片。

4. 起油锅烧至四成热，放入蒜末。

5. 再放入番茄酱炒出红油。

6. 把有机菜花和香菇放入锅内。

7. 翻炒1~2分钟，放入白糖、盐和1小碗水，加盖炖煮2分钟。

8. 干淀粉加水调成水淀粉，淋入锅内快速炒匀即可。

小贴士
水淀粉沿锅边淋入锅内，边炒边加，至稀稠适度即可。

热菜 麻辣菜花土豆片

这道菜的做法参考了麻辣香锅，吃起来麻辣鲜香，开胃下饭，做起来又特别快捷，非常适合忙碌的上班族。

🥬 材料

原料
菜花700克
青椒2个
土豆1个

调料
大蒜40克
大葱20克
干红辣椒5个
花椒2茶匙
麻椒2茶匙
八角1个
桂皮1小块
生抽2茶匙
盐1茶匙
白糖1/2茶匙
老抽1/2茶匙
鸡粉1茶匙
植物油适量

制作关键

不同的食材先后焯水至熟，口感才地道美味。

🍚 做法

菜花切成小朵，洗净。

土豆去皮，切半圆形片。

小贴士
土豆片不要切得太薄。

青椒去籽，切菱形片。

大葱切片，大蒜拍扁，干红辣椒切段。

锅内加水烧开，先放入土豆片煮2分钟。

再放入菜花煮2分钟。

捞出放入冷水中降温。

锅内放油，放入花椒、麻椒、八角、桂皮后开小火炸香，再放入大葱和大蒜、干红辣椒爆香。

放入青椒片略炒。

放入土豆片和菜花，加入盐、白糖、生抽、老抽。

再放入鸡粉。

大火翻炒1分钟后出锅。

胡萝卜炒菜花

菜花也称为花椰菜、花甘蓝、洋花菜、球花甘蓝，有白、绿两种，绿色的叫西蓝花、青花菜，绿色菜花比白色菜花的胡萝卜素含量要高些。菜花营养价值比一般蔬菜要高些，含有蛋白质、脂肪、碳水化合物、膳食纤维、维生素A、维生素B、维生素C、维生素E、维生素P、维生素U和钙、磷、铁等矿物质（其中钙含量可与牛奶媲美），还富含一般蔬菜所没有的维生素K，且质地细嫩、味甘鲜美，烹炒后柔嫩可口，极易消化吸收，适宜于中老年人、儿童和脾胃虚弱、消化功能不强者食用。有些人的皮肤一旦受到小小的碰撞就会变得青一块紫一块的，这是因为体内缺乏维生素K的缘故，补充的最佳途径就是多吃菜花。

材料

原料
菜花500克
胡萝卜40克

调料
大蒜10克
盐1茶匙
白糖1/2茶匙
味精1/4茶匙
干淀粉2茶匙
植物油适量
熟植物油1汤匙

做法

1

菜花洗净后切成小朵。

2

胡萝卜、大蒜切片。

3

锅内加水烧开，放入菜花和胡萝卜焯烫3~5分钟后捞出。

小贴士

菜花和胡萝卜先焯水再炒制，既易熟，又易入味。

4

另起油锅，油温四成热时放入蒜片爆香。

5

放入焯烫过的菜花和胡萝卜，加盐、白糖炒匀，再放入调好的水淀粉勾芡。

6

最后放入熟植物油，加味精炒匀即可。

小贴士

最后加1汤匙熟植物油，既给菜品增香，又使得色泽明亮。

韩式开胃泡菜锅

现代人的问题不是吃不饱，而是吃得太好太饱，以至于造成肥胖、高血脂、脂肪肝等。为了我们的健康，饮食方面还是要注重荤素、粗细的合理搭配，当然味道、色彩也要好，才能被大家喜爱。

这道韩式开胃泡菜锅选用了菌类、蔬菜、豆腐、藻类搭配，加上酸爽的泡菜，虽然不带荤腥，但是却极其美味。这道菜脂肪含量低，就是多吃点也不会长胖，寒冷的冬季里，来上这样一锅热气腾腾的菜，相信吃过会立即手脚温暖。

材料

原料

韩式泡菜200克
豆腐250克
口蘑100克
鲜海带200克
菜花150克

调料

大葱15克
香菜30克
生姜10克
盐1茶匙
白糖1茶匙
味精1/4茶匙
泡菜汤汁适量
植物油适量

做法

1 所有的材料准备好。

2 豆腐切块，菜花切小朵。

小贴士

豆腐最好选用北豆腐，炖煮的时候不易碎。

3 鲜海带切菱形片，口蘑切厚片。

4 生姜和大葱切片，香菜切段。

5 韩式泡菜切条。

6 起油锅，油热后放入葱片和生姜片爆出香味。

7 放入韩式泡菜略炒。

8 放入口蘑、海带。

9 放入菜花、豆腐和适量的泡菜汤汁略炒。

小贴士

泡菜汤的加入使得这道菜更美味，所以不可缺少

10 加入盐、白糖和适量的水，大火煮5分钟，加味精调匀，盛出，撒上香菜段即可。

热菜

豆腐泡炒菊花菜

菊花菜又称为塔菜、乌塌菜、塌地松，菜形如开放的菊花，颜色稍深。菊花菜为十字花科芸薹属芸薹种白菜亚种的一个变种，用来清炒最为合适，也可以做汤或入馅。常吃菊花菜可防止便秘，增强人体防病抗病能力，泽肤健美。

材料

原料

菊花菜300克
豆腐泡100克
水发黑木耳60克

调料

大葱5克
盐3/4茶匙
白糖1/2茶匙
味精1/4茶匙
干淀粉1茶匙
植物油适量

做法

1

菊花菜洗净。

2

豆腐泡中间切一刀。大葱切小粒。

3

水发黑木耳去根后撕成小朵。

4

菊花菜切段。

5

起油锅，爆香大葱。

6

放入菊花菜略炒。

小贴士

菊花菜不需要炒制很长时间，也不要加盖焖，以免变黄。

7

再放入豆腐泡和黑木耳，加入盐和白糖炒至菊花菜变软塌秧。

8

干淀粉加水调成水淀粉，倒入锅中迅速炒匀，最后放入味精调匀即可。

小贴士

勾薄芡使炒出的菜色更加明亮。

红椒香菇炒佛手瓜

佛手瓜因外形酷似佛手而得名，富含维生素、氨基酸及矿物质，糖类和脂肪含量较低，蛋白质和粗纤维含量较高。经常食用佛手瓜可预防心血管方面的疾病，还有防癫痫、降血压、健脑的作用。

材料

原料

佛手瓜1个（约250克）
香菇2朵
红椒40克

调料

大蒜5克
盐3/4茶匙
白糖1/2茶匙
味精1/4茶匙
干淀粉1茶匙
植物油适量

做法

1

佛手瓜洗净后纵向对半切开，挖去中间的子，先切片再切丝。

小贴士
佛手瓜切成的丝要粗细均匀。

2

红椒、香菇切丝，大蒜切片。

3

起油锅，油温五成热时放入蒜片爆香。

4

再放入佛手瓜丝。

5

然后放入香菇丝。

6

加盐、白糖翻炒至佛手瓜变色。

7

放入红椒丝略炒。

小贴士
红椒丝后放，色彩和口感才最佳。

8

干淀粉加水调成水淀粉，倒入锅中勾芡，加味精炒匀即可。

74

手撕杏鲍菇

杏鲍菇，又称刺芹菇、刺芹侧耳，味道鲜美，有鲍鱼般脆嫩的口感以及杏仁清新的香味，因而得名。杏鲍菇营养价值非常高，富含蛋白质和人体必需的8种氨基酸成分，常食能有效提高人体免疫力，还具有抗癌、降血脂、降低胆固醇、防治心血管疾病、促进消化、美容养颜等功效。

手撕的菜肴不经过刀具的切、剁，能够充分保持其本身的原味，我个人特别喜欢。

材料

原料
杏鲍菇2个

调料
干辣椒2个
香葱15克
盐1/4茶匙

生抽1茶匙
白糖1/4茶匙
味精1/4茶匙
干淀粉1茶匙
植物油适量

做法

1 杏鲍菇和香葱洗净，干辣椒用布擦干净。

2 把杏鲍菇顺长撕成4瓣。

3 再撕成条。

小贴士
杏鲍菇丝要撕得粗细均匀，这样入味才均匀。

4 香葱切段，干辣椒斜切成丝。

5 锅内烧开水，放入杏鲍菇丝焯烫2分钟。

6 捞出挤干水分。

7 干淀粉中放入少许水调匀成水淀粉。

8 锅烧热后放入油烧至四成热，放入干辣椒和香葱爆出香味。

9 放入杏鲍菇丝。

10 加盐、白糖、生抽略炒，放入水淀粉勾芡，加味精炒匀即可出锅。

小贴士
放入杏鲍菇后要迅速加调料大火快炒，成菜有足够的锅气（锅气指的是食材和锅体高温爆炒相接触的瞬间，食材附着在锅体上引发的焦香）味道才好。

清脆爽口、水灵灵的水萝卜非常招人喜爱，除了可以蘸酱或者凉拌生吃，还可以用来红烧，口感软糯香甜，由于加了八角一起烧，吃起来竟有些肉的味道。

水萝卜可消积滞、化痰清热、下气宽中、解毒。水萝卜所含热量少，纤维素较多，吃后易产生饱腹感，有助于减肥；还能诱导人体自身产生干扰素，增加机体免疫力，并能抑制癌细胞的生长；水萝卜中的芥子油和纤维素可促进胃肠蠕动，有助于体内废物的排出。常吃水萝卜可降低血脂、软化血管、稳定血压，预防冠心病、动脉硬化、胆石症等疾病。

热菜 红烧黑木耳水萝卜

材料

原料

水萝卜300克
水发黑木耳40克

调料

盐1/2茶匙
生抽2茶匙
白糖1茶匙
香葱5克
八角2颗
干淀粉1茶匙
香油1茶匙
植物油适量

做法

1

水萝卜洗净，水发黑木耳去根。

2

香葱切粒。

3

水萝卜切成滚刀块。

小贴士
水萝卜切滚刀块是为了更易入味。

4

水发黑木耳切小块。

5

锅内放油，凉油放入八角，中火煸出香味。

小贴士
八角要凉油放入，这样才能更激发出八角本身的香味。

6

放入一半的香葱粒爆香。

7

放入水萝卜略炒。

8

再放入白糖、盐、生抽。

9

放入水发黑木耳，加入少许水。

10

加盖焖煮3~5分钟。

11

干淀粉加水调成水淀粉，倒入锅中勾芡。

12

淋入香油，装盘，表面撒上剩余的香葱粒即可。

炝炒麻辣萝卜丝

秋天正是萝卜大量上市的季节，价格便宜，我买的青萝卜每斤只要7角。根据养生学的观点，我们应吃当季的食物而少吃反季节食物，这样对身体有好处。

民间有"冬吃萝卜夏吃姜，一年四季保安康"、"萝卜上市，郎中下市"的说法，可见萝卜在人们心中的地位。萝卜又名菜菔、罗菔，营养丰富，有很好的食用、保健、医疗价值。常吃萝卜可增强机体免疫力，并能抑制癌细胞的生长；可促进肠胃蠕动，有助于体内废物的排出；可降血脂、软化血管、稳定血压，预防冠心病、动脉硬化、胆结石等疾病。萝卜还是一味中药，其性凉味甘，可消积滞、化痰清热、下气宽中、解毒。

吃萝卜要注意，青萝卜性寒凉，体质偏寒、脾胃虚寒者不宜多食，胃及十二指肠溃疡、慢性胃炎、单纯甲状腺肿、先兆流产、子宫脱垂等患者宜少食青萝卜。服用人参、西洋参时不要同时吃萝卜，以免药效相反，影响参类的补益作用。

材料

原料
青萝卜500克

调料
麻椒3克
干辣椒3克
大葱15克
大蒜10克
盐1茶匙
白糖1茶匙
香油1茶匙
味精1/4茶匙
陈醋2茶匙
植物油适量

做法

青萝卜洗净后用刨丝刀刨成丝。

锅内加水烧开，放入青萝卜丝焯烫至变色。

> **小贴士**
> 萝卜丝先焯烫一下可以去除臭萝卜味。

捞出萝卜丝放入冷水中降温。

用手把萝卜丝中的水分挤去。

大葱、大蒜分别切末。

干辣椒用湿布擦干净后剪成段。

起油锅，凉油放入麻椒和干辣椒段，小火炒出红油。

> **小贴士**
> 麻椒和干辣椒要凉油下锅慢炒，才能完全激发出它们特有的香味。

再放入葱蒜末爆出香味。

> **小贴士**
> 不喜欢吃麻椒的可以先捡出来，再放萝卜丝。

然后放入萝卜丝。

加盐、白糖、陈醋、味精、香油，大火炒匀即可出锅。

> **小贴士**
> 陈醋提味，一定不能少。

辣炒秋葵

　　秋葵脆嫩多汁，滑润不腻，香味独特，有预防贫血、美白皮肤、降低血糖的功效。经常食用秋葵可以帮助消化、增强体力、保护肝脏、健胃整肠。秋葵还能强肾补虚，对男性器质性疾病有辅助治疗作用，享有"植物伟哥"之美誉。但是秋葵属于性味偏于寒凉的蔬菜，胃肠虚寒且功能不佳、经常腹泻的人不可多食。

　　秋葵可凉拌、热炒、油炸、炖食，做沙拉、汤菜等，在凉拌和炒食之前必须在沸水中烫三五分钟以去涩。

材料

原料

秋葵300克

调料

干辣椒4个

大蒜10克

盐3/4茶匙

白糖1/2茶匙

味精1/4茶匙

植物油适量

做法

秋葵切片。

大蒜切末，干辣椒切圈。

锅内加水烧开，放入秋葵焯烫3分钟。

小贴士

焯秋葵的水会变得黏稠，是秋葵内所含胶状物析出，属正常现象。

捞出过凉，沥干水分。

小贴士

焯烫过的秋葵立即投入冷水中，以免变色。

起油锅，先放入干辣椒煸出香味。

再放入蒜末略炒。

放入秋葵。

加盐、白糖翻炒1分钟，加味精调匀即可。

木耳魔芋炒西葫芦

魔芋又名蒟蒻（读：jǔ ruò），俗称雷公枪、菎蒟，我国古代又称之为妖芋。魔芋性寒味辛，生吃有毒，必须加工后再食用。自古以来魔芋就有"去肠砂"之称，可活血化瘀、解毒消肿、宽肠通便、化痰软坚，适用于高血压、高血糖、瘰疬痰咳、损伤瘀肿、便秘腹痛、咽喉肿痛、牙龈肿痛等症。另外，魔芋还具有补钙、平衡盐分等作用。

魔芋是碱性食品，食用酸性食品过多的人搭配吃魔芋，可以达到酸、碱平衡，对健康有利。魔芋含有丰富的纤维素和微量元素，以及16种氨基酸，并且脂肪和热量都很低，是不可多得的安全有效的减肥食品。魔芋高矿物质、高纤维素、低热、低脂、低糖，对预防和治疗结肠癌、乳腺癌、肥胖症有一定辅助作用。魔芋能使小肠酶分泌增加，加快清除肠壁上的沉积物，使其尽快排出体外，所以魔芋既能开胃化食，又能清除肠道垃圾。

材料

原料
魔芋200克
西葫芦450克
水发黑木耳60克

调料
大蒜5克
豆瓣辣酱1汤匙
盐1/2茶匙
生抽1茶匙
味精1/4茶匙
米醋1茶匙
干淀粉1茶匙
植物油适量

做法

所有材料准备好，魔芋切片。

把魔芋和黑木耳放入开水锅内，焯烫2~3分钟。

小贴士
魔芋炒之前要先焯水，去掉大部分的碱味。

捞出沥干水分。

西葫芦切半圆形片，大蒜切片。

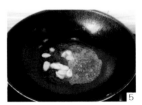

起油锅烧热，放入大蒜片和豆瓣辣酱爆香。

炒出红油。

再放入西葫芦片。

然后放入魔芋和黑木耳，加盐、生抽、米醋翻炒至西葫芦断生。

小贴士
西葫芦炒至八分熟即可，装盘后余热会使之继续熟。

干淀粉加少许水调匀，淋入锅内炒匀。

最后加入味精炒匀即可。

泡椒玉米炒鸡头米

　　鸡头米即芡实，新鲜的鸡头米口感筋道，味道清香。鸡头米的营养功效和莲子类似，具有健脾补肾、补中益气、止泻祛湿等作用。新鲜的鸡头米既可以煮甜汤，还可以用来炒制，但要注意加热时间不宜过长，否则影响口感。

　　我用酸泡椒来搭配清香的鸡头米，使得这道菜的味道更开胃、更有诱惑力，看起来真是有"大珠小珠落玉盘"的感觉。不喜欢吃辣的可以少放或不放泡椒。

🥬 材料

·原料

速冻鲜鸡头米80克

酸泡野山椒3个

调料

洋葱10克

甜玉米粒30克

红椒30克

大葱3克

盐1/4茶匙

白糖1/4茶匙

干淀粉1茶匙

酸泡椒汁1茶匙

植物油适量

制作关键

1. 鸡头米焯水与炒制时间不宜过长，以免口感变老。

2. 因为加入的酸泡野山椒及其汁有一定的盐分，所以这道菜不用放太多的盐。

🍚 做法

1

速冻鸡头米在室温下自然解冻。干淀粉加适量水调匀成水淀粉。

2

洋葱、大葱切粒，酸泡野山椒切段。

3

甜玉米粒焯水后沥干水分。

4

红椒切粒。

5

锅内加水，烧开后放入鸡头米煮1分钟即捞出。

6

另起油锅，烧至油温四成热时放入洋葱、大葱、酸泡野山椒，炒出香味。

7

放入已经焯水的鸡头米略炒。

8

然后放入甜玉米粒、红椒粒。

9

放入盐、白糖和酸泡椒汁，快速炒匀。

10

再倒入水淀粉勾芡，翻炒均匀即可出锅。

素狮子头

这款菜肴吃起来口感细腻，鲜香盈满口中，外形也像极了狮子头。秋冬季节正是芋头收获的季节，建议大家有时间的时候试试这道菜，一定会给你带来意外的惊喜。

材料

原料

芋头600克
青豌豆50克
胡萝卜30克
馒头50克
油菜心5棵

调料

大葱15克
盐1/2茶匙
白糖1茶匙
味精1/4茶匙
香油2茶匙
胡椒粉1/4茶匙
植物油适量

汤料

黄豆芽150克
香菇2朵
盐1/2茶匙
白糖1/2茶匙
老抽1茶匙
生抽1茶匙
大蒜5克
干淀粉2茶匙

制作关键

芋头要选用容易蒸软的小芋头，不用大的类似荔浦芋头的品种。

做法

芋头洗净，上蒸锅蒸。1

油菜心底部用刀划口，插入削好的枣核形胡萝卜。2

剩余的胡萝卜切小粒，葱切末。3

黄豆芽去根，香菇顶部打花刀。4

蒸好的芋头趁热去皮，用刀抹成泥。5

芋头泥放入容器中，加青豌豆、胡萝卜粒及调料中的所有材料。6

馒头用手搓碎，放入材料中，搅拌均匀。7

把调好味的芋头泥分成8等份，每个重约80克，两手抹油后分别搓圆。8

锅内放油，油温八成热时逐个放入芋泥球，炸至表面金黄色，捞出。9

小贴士

炸芋圆的油温要高，否则容易破裂不成型。

另起油锅，放入切成片的大蒜爆出香味，放入黄豆芽和香菇略炒。10

放入炸好的芋圆，加入汤料中的盐、白糖、老抽、生抽和适量水，大火煮5分钟。11

小贴士

芋圆筋性小易变形，烧制时间不宜过长。

油菜心放入开水中焯烫至变色，捞出。干淀粉加水调成水淀粉。12

豆芽盛盘中垫底，放入炖好的芋圆和香菇。锅内剩余汤汁捞去渣后煮开，用水淀粉勾浓芡，加1汤匙熟油调匀，浇在芋圆上，小油菜围边装饰。13

《黄帝内经》中说：绿色养肝、红色补心、黄色益脾胃、白色润肺，黑色补肾。今天我们就用五种颜色的食材做道菜，这样的搭配不仅营养丰富，而且色泽艳丽，吃起来味道清香。

热菜 # 五彩素什锦

材料

原料
水发腐竹80克
水发黑木耳40克
胡萝卜200克
香菇100克
菜心梗50克

调料
大葱5克
盐3/4茶匙
白糖1/2茶匙
味精1/4茶匙
干淀粉1茶匙
植物油适量

 制作关键

所用的5种食材成熟时间不同，所以需要提前焯水，使它们能一同炒熟。

做法

胡萝卜洗净去皮，切成片，再用切模切出花型。

香菇去蒂，斜切成片。菜心梗切段。

水发腐竹切段，水发黑木耳去根后切小片。

锅内加水烧开，先放入胡萝卜煮2分钟，再放入菜心梗煮1分钟，捞出放入凉水中降温。

小贴士

焯过水的胡萝卜和菜心梗放入凉水中降温，有助于保持鲜艳的颜色。

把香菇、水发黑木耳放入锅内煮1分钟，捞出。

放入水发腐竹煮2分钟，捞出。

起油锅，放入切成片的大葱爆香。

再放入胡萝卜、香菇、水发黑木耳略炒。

放入菜心梗。

加盐。

放入白糖，快速炒匀。

最后放调好的水淀粉勾芡，加味精炒匀即可。

油焖笋

热菜

　　春天的竹笋很嫩，吃起来清脆可口。笋的做法很多，可以煲汤、炒、炖、腌等，还可以入馅。我喜欢油焖笋鲜香浓郁的味道，配米饭吃很合适。

　　竹笋要做得美味，前期的处理很重要。首先剥掉笋壳；其次切去根部老的部分；再者切件后一定要做焯水处理，这样可以去除竹笋中的草酸和涩味，烹制出来味才够好。

　　竹笋具有低脂肪、低糖、多纤维的特点，不仅能促进肠道蠕动、帮助消化、去积食、防便秘，还有预防大肠癌的功效。

材料

原料

竹笋400克

调料

香葱5克	味精1/4茶匙
盐1茶匙	干淀粉1茶匙
白糖1茶匙	香油1茶匙
生抽2茶匙	植物油适量

做法

竹笋、香葱洗净。

竹笋去掉外壳，切去老的根部后对半切开。

切成滚刀块。

锅内放入水烧开，加入1/2茶匙的盐。

小贴士

竹笋一定要先焯水再烹制，这样可以去掉其所含的草酸和涩味。

再放入竹笋，大火烧开后煮3~5分钟。

捞出后冲洗干净。

香葱切粒。

锅烧热，放油烧至五成热，放入香葱粒爆香。

放入竹笋。

加入生抽、1/2茶匙盐、白糖和少许水炒匀。

加盖炖煮3分钟。

小贴士

加盖炖煮是为了更好地入味。

干淀粉加水调成水淀粉，倒入锅中勾芡，放入味精和香油炒匀即可。

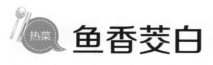

鱼香茭白

茭白被列为"水八鲜"之一。古人称茭白为"菰",在唐代以前,茭白被当作粮食作物栽培,它的种子叫菰米或雕胡,是"六谷"(稻、黍、稷、粱、麦、菰)之一。

茭白以丰富的营养价值而被誉为"水中参",具有祛热、生津、止渴、利尿、除湿的功效;还有补虚健体以及美容减肥的功效。茭白适用于炒、烧等烹调方法,也可做配料和馅心,如"酱烧茭白""茭笋片""茭白烧卖"等。

材料

原料

茭白2根（约300克）

红泡椒20克

泡姜10克

调料

大蒜5克

香葱3克

盐1/2茶匙

白糖2茶匙

生抽1茶匙

米醋2茶匙

味精1/4茶匙

干淀粉1汤匙

植物油适量

做法

1 香葱切圈，大蒜切末。

2 红泡椒剁碎，泡姜切丝。

3 茭白切成条，放入2茶匙干淀粉抓匀。

4 把盐、白糖、生抽、米醋、味精、1茶匙干淀粉和适量的水放入小碗中，搅匀。

小贴士

1.茭白的挑选：要选择嫩茎肥大、多肉、新鲜柔嫩、肉色洁白的；茭白有黑心是品质粗老的表现，不宜食用。

2.茭白丝不宜切得太细，外面裹一层干淀粉是为了烹制过程中保持内部的水分，不至于变柴。

5 起油锅，油温烧至七成热。

6 放入茭白丝滑散，小火煎至外皮微微变黄，盛出。

7 另起油锅，油温四成热时放入蒜末、红泡椒碎和泡姜丝，炒出香味。

8 放入茭白丝，快速炒匀。

9 倒入调好的味汁。

10 翻炒均匀，放入香葱圈炒匀即可。

小贴士

香葱最后放，味道更香。

热菜 茶干炒水芹菜

　　水芹菜是南方特有的食材，生长在沼泽地或湿地，是一种多年生的草本植物。水芹菜心呈管状，人们送了它一个好听的名字——路路通，水芹菜因此成了年夜饭桌上的吉祥菜。长辈们挟上一筷子"路路通"送到晚辈的饭碗里，希望儿孙们前途无量，来年能神通广大路路通。

　　水芹菜中富含多种维生素和无机盐类，其中钙、磷、铁等含量较高，常食有清洁血液、降低血压、降低血脂、清热利尿的功效。

　　水芹本是一种蔬菜，却很有文化意蕴。《诗经·鲁颂·泮水》曰："思乐泮水，薄采其芹。"人们在欢乐庆祝时，得有水芹。古时泮水之畔的泮宫，是鲁国学宫。相传学子们如果有幸高中，须得在大成门边的泮池里采些水芹，并插在帽子上到孔庙祭拜，这样才算是真正的秀才或士子，故后人又称考中秀才为"入泮"或"采芹"。

🧄 材料

原料
水芹菜200克
茶干150克
胡萝卜50克

调料
大葱10克
盐3/4茶匙
白糖1/4茶匙
植物油适量

🍲 做法

所有材料备好，水芹菜洗干净，择去叶子（叶子留作他用）。

把水芹菜切成寸段。

茶干切条，胡萝卜切丝。

大葱切片。

起油锅，爆香大葱片。

放入胡萝卜、茶干，炒至胡萝卜变软。

小贴士
胡萝卜不容易熟，所以要先下锅炒软。

再放入水芹菜、盐、白糖。

快速翻炒至水芹菜变色，盛出。

小贴士
水芹菜细嫩易熟，快速炒至变色就要立即出锅。

热菜 黄豆百合炒芹菜

青青白白的黄豆百合炒芹菜，素雅清新，单看颜色就令人胃口大开。这道菜也非常有营养，百合具有润肺止咳、宁心安神、美容养颜等功效，非常适合在干燥的秋季食用，也适合减肥的人群。

材料

原料
芹菜250克
水发黄豆100克
水发百合40克

调料
干辣椒2个
大葱10克
盐1/2茶匙
白糖1/2茶匙
干淀粉1茶匙
植物油适量

做法

1

芹菜洗净，切寸断。

2

大葱切片，干辣椒切段。

3

锅内加水，放入水发黄豆煮熟，捞出。

小贴士
黄豆要提前煮熟，生黄豆不宜食用。

4

起油锅，放入大葱片和干辣椒段爆出香味。

5

再放入芹菜略炒。

6

然后放入百合、煮熟的黄豆。

7

加盐、白糖，大火翻炒1分钟。

小贴士
要大火快炒，吃起来才脆爽。

8

最后倒入稀释的水淀粉勾芡，炒匀即可。

黄豆芽炒莴笋丁

素食不会增加额外的负担，会令我们的肠胃感觉舒适。就像这道小菜，清新而爽口，艳丽的色彩看着都舒服。这道菜所用黄豆芽是我自己发的，买的当地农民新打下来的黄豆，发芽率几乎100%，非常棒！

材料

原料

黄豆芽100克

莴苣250克

红椒50克

调料

大葱5克

盐1/2茶匙

白糖1/2茶匙

干淀粉1茶匙

植物油适量

做法

1. 黄豆芽洗净，黄豆皮尽量挑出。

2. 莴苣去皮洗净，切成丁。

3. 红椒切丁，大葱切丝。干淀粉加水调成水淀粉。

4. 锅内加水烧开，放入黄豆芽焯烫3~5分钟，捞出。

小贴士

黄豆芽不易熟，要先焯水至熟。

5. 起油锅，放入葱丝爆香。

6. 再放莴苣丁略炒。

7. 放入黄豆芽和红椒丁，加盐、白糖，快速翻炒1分钟。

8. 最后用水淀粉勾芡，即可出锅。

小贴士

勾芡可以使汤汁更好地包裹在蔬菜表面，令菜肴有光泽。

木耳豆皮炒菠菜

热菜

人们通常认为豆制品不能和菠菜同吃，是怕生成不易于人体吸收的草酸钙。其实，营养专家研究表明，我们一次能吃下的菠菜大概也就几百克，其含有的草酸是很少的，与豆制品中的钙发生化学反应形成不溶性草酸钙的量更是微乎其微。另外，草酸可溶于水，如果在炒制之前把菠菜做焯水处理，则可去掉菠菜中的大部分草酸，吃得就更放心了。所以说菠菜和豆制品同吃是完全可以的，是有益于人体健康的饮食搭配。

材料

原料
菠菜400克
豆腐皮200克
水发黑木耳50克

调料
盐3/4茶匙
白糖1/2茶匙
大葱5克
干淀粉1茶匙

做法

1 菠菜择洗干净，水发黑木耳去根。

2 锅内加水烧开，放入豆腐皮和黑木耳，焯烫3分钟后捞出。

3 锅内水不用换，直接放入菠菜焯烫至变色。

4 捞出菠菜浸泡在冷水中。

5 挤干菠菜中的水分，切成小段。

6 黑木耳切大片。

小贴士

焯烫过的菠菜放入冷水中降温，可以保持其鲜艳的绿色，不容易变黄。

7 豆腐皮切丝。

8 起油锅，放入切成片的大葱爆香。放入黑木耳、菠菜、豆腐皮略炒。

9 加盐和白糖炒匀。

10 干淀粉加水调成水淀粉，倒入炒锅中勾芡，快速炒匀即可。

小贴士

炒制时所有的食材都是熟的，所以要快炒，口感才好。

热菜 **韭菜炒鸡蛋**

　　春天的韭菜味道香浓，口感鲜嫩。韭菜含有较多纤维素、胡萝卜素、维生素C等，还含有挥发性的硫代丙烯，具香辛味，可增进食欲，还有散瘀、活血、降血脂、解毒、补肾助阳，温中开胃等功效。由于韭菜内含纤维素多，能促进肠道蠕动，使大便畅通，有预防肠癌的作用，被称为"洗肠草"。

　　这道韭菜炒鸡蛋看起来简单，但要炒出韭菜清脆、鸡蛋鲜嫩不散的效果却并不容易，这需要一定的功力和经验。儿子春节放假回家和我说在学校同学聚餐，同学做的西红柿炒鸡蛋样子极差，几乎看不到成块的鸡蛋。我问味道如何，儿子说"能吃"，真是把我乐得不行。分析其原因，估计是鸡蛋还没炒凝固就放西红柿了，这样炒出来想必好不到哪里去。

🧄 材料

原料
韭菜350克
土鸡蛋4个

调料
盐3/4茶匙
植物油适量

🍚 做法

韭菜洗净，沥净水分后切成寸段。

小贴士
洗净的韭菜一定要沥净水分，炒出来才不会水水的。

土鸡蛋打入碗中。

用筷子把鸡蛋搅打均匀。

锅烧热放入适量油，在油温八成热时倒入鸡蛋液。

小贴士
炒鸡蛋要宽油大火，炒出来才蓬松软嫩。

大火炒至蛋液起泡、底部凝固。

用铲子翻面，炒至八分熟，即所有蛋液基本凝固。

放入韭菜和盐。

大火翻炒5~10秒至韭菜断生，立即出锅。

小贴士
韭菜要快炒，断生立即出锅，否则会变得软塌塌的，既不美观，口感也差。

赛蟹黄

热菜

　　这道菜不仅外观有蟹黄的的样子，吃起来味道也很相似。所用的材料却只是鸡蛋和胡萝卜，与蟹无关。此菜做法关键是鸡蛋入锅前不能打散，这样炒出来蛋清和蛋黄就不会完全混在一起，看起来更像蟹黄和蟹肉。

材料

原料
鸡蛋2个
胡萝卜30克

调料
盐1/4茶匙
生姜5克
米醋1汤匙
植物油适量

做法

1

胡萝卜磨成碎末。

2

胡萝卜末中放入1/8茶匙盐拌匀。

3

鸡蛋打入碗中。

4

生姜去皮切丝，在清水中浸泡3分钟后捞出，放入米醋中即成味汁。

5

锅内放少许油烧热，放入胡萝卜末，煸炒至微微发干后盛出。

6

另起油锅，烧至油温六成热时倒入鸡蛋。

小贴士
鸡蛋入锅后再搅散，炒出后会黄白分明。

7

开大火用筷子慢慢把鸡蛋划散。

8

鸡蛋快凝固时放入3/4的胡萝卜末和剩余盐炒匀，装盘，表面放上剩余胡萝卜末，蘸味汁食用。

小贴士
盐量可据自己的口味自由加减。

热菜 圣女果鸡蛋炒银耳

秋冬季节空气干燥，需要食用一些具有滋润功效的食物，银耳就是这个季节可以经常食用的上好的滋补食材。

银耳可强精补肾、润肠、益胃、补气、强心、滋阴润肺生津、补脑、提神，还具有增强人体免疫力、延年益寿等功效，尤其适宜慢性支气管炎、肺原性心脏病、阴火虚旺患者食用。

银耳含天然植物性胶质，长期食用可以润泽肌肤，使皮肤保持弹性，并有祛除脸部黄褐斑、雀斑的功效。

做法

1

水发银耳去黄根后撕成小朵。

2

圣女果对半切开。

3

鸡蛋打入碗中，用筷子搅散。

4

大葱切粒。

5

起油锅，油温七成热时倒入蛋液，炒至蛋液完全凝固。

小贴士

炒至蛋液在锅内完全凝固后再放其他食材，这样比较美观。

6

放入圣女果和银耳，加盐、白糖和少许水，翻炒2~3分钟。

材料

原料
水发银耳100克
圣女果100克
鸡蛋3个

调料
盐1/2茶匙
白糖1/4茶匙
大葱10克
干淀粉1茶匙
植物油适量

7

干淀粉加水调成水淀粉，倒入锅中勾芡炒匀。

8

最后放入葱粒拌匀即可。

小贴士

葱粒最后放，烫熟后有特殊的香味。

咸瓜青红炒鸡蛋

这道小菜很适合搭配粥来食用，可以热吃也可以凉吃。

鸡蛋是人类最好的食物之一。对人而言鸡蛋的蛋白质品质最佳，仅次于母乳。

胡萝卜含有胡萝卜素，经油炒后可以变成有利于人体吸收的维生素A，对视力很有好处。

咸瓜是我从市场买回来的，如果你手头没有，可以用榨菜、玫瑰头咸菜、芥菜疙瘩咸菜来代替。

材料

原料
咸瓜200克
青椒2个（约120克）
胡萝卜30克
鸡蛋2个

调料
大葱15克
白糖1茶匙
胡椒粉1/4茶匙
味精1/4茶匙
植物油适量

做法

1 所有材料准备好。

2 青椒去蒂、籽，切成小粒。

3 咸瓜切成小粒，放入清水中用手抓几遍，换2次水后挤干水分。

小贴士
咸瓜比较咸，要在水中多抓几遍以去掉盐分。

鸡蛋打入碗中，用筷子搅散。

5 大葱切碎。

6 胡萝卜去皮，切小粒。

7 起油锅，油烧热后放入鸡蛋液炒熟。

8 把鸡蛋拨向两边，中间放入大葱碎爆香。

9 放入青椒和咸瓜粒。

小贴士
这道菜中有咸瓜，就不用再放盐了。

10 放入胡萝卜粒，加糖、胡椒粉和2汤匙水，大火翻炒2分钟，加味精调匀。

小贴士
炒制时加点水，便于味道均衡。

香椿芽炒笨鸡蛋

　　笨鸡蛋是指土鸡蛋、草鸡蛋、柴鸡蛋，也就是人家自家养的吃草和粮食的鸡下的蛋，这种鸡蛋相比洋鸡蛋个头小、皮薄，蛋黄大而色偏红，吃起来口感香。

　　春季正是尝鲜的季节，头茬的香椿芽色红质嫩，香味足。记得小时候姥爷家的院子里沿着院墙种了一圈的香椿树，每逢春天的时候姥爷都会用带钩子的长长的竹竿采香椿芽，采得多了一时吃不了，就用盐把香椿芽搓过后放入小坛中密封保存，需要吃的时候只要用开水一烫，立刻香味四散，或炒或拌都可以。香椿芽每年可以采收3茬，采多了会影响香椿树的生长。

　　记得小时候经常用刚烙好的千层饼卷着香椿芽炒鸡蛋吃，真是口口香浓，意犹未尽。

　　香椿味苦性寒，有清热解毒、健胃理气、杀虫固精等功效，香椿中还富含维生素C、优质蛋白质和磷、铁等矿物质，是蔬菜中不可多得的珍品。

材料

原料	调料
香椿芽30克	盐1/2茶匙
笨鸡蛋4个	植物油适量

做法

1 香椿芽洗净，控净水分。

2 把香椿芽切碎。

小贴士

香椿芽也可以先焯水再切碎。

3 笨鸡蛋打入放香椿碎的碗中，加盐。

4 用筷子搅拌均匀。

5 锅烧热，放入油烧至八成热，沿锅边淋入香椿蛋液。

小贴士

炒时锅要热，大火炒鸡蛋才蓬松。

6 大火炒至蛋液凝固，立即出锅即可。

香葱牛奶厚蛋烧

这道美食源于日本，也被称为玉子烧、千层蛋卷。在日本几乎每天都能吃到厚蛋烧，口感很嫩。我在日本时吃到的是甜的，有点不能接受。据说厚蛋烧在日本根据地域的不同有咸甜两种口味，我还是喜欢吃咸味的。

痴迷美食的人都是"疯狂"的，我也不例外。逛街的时候别人看服装、化妆品、包包等，我却喜欢看美食、餐具、瓷器，这个做厚蛋烧的方形不粘锅就是我在日本超市买到，不远万里背回来的，是不是有点可笑？

材料

原料	调料	
鸡蛋3个	香葱15克	番茄沙司或甜辣酱适量
牛奶90克	盐1/4茶匙	植物油适量

做法

1 所有材料准备好，香葱洗净。

2 鸡蛋打入碗中，香葱切粒。

3 先把牛奶放入鸡蛋中。

4 再放入香葱粒。

5 加入盐。

6 搅打均匀。

小贴士
蛋液一定要搅打均匀，使蛋清与蛋黄完全融合。

7 方形煎锅烧热后放入少许油铺匀。

8 舀一勺蛋液淋入锅内。

9 晃动锅体使蛋液铺满锅面。

10 蛋液基本凝固时由一侧开始卷起来推向锅边。

小贴士
煎的时候火要小，蛋液刚刚凝固立即小心地卷起来，这样口感才嫩。

11 再放入少许油和蛋液铺匀。

12 重复步骤10~11，直到蛋卷达到要求的厚度，取出切段，淋番茄沙司或者甜辣酱即可。

牛奶鸡蛋羹

这是一道非常简单的早餐食品，不必开火，用烤箱就能制作。把盛放牛奶蛋液的烤碗放入烤箱烤制，趁此时间就可以去洗漱，洗漱完毕，一家三口的鸡蛋羹就做好了。

材料

原料
鸡蛋2个
牛奶100克

调料
香菜3克
香葱5克
红椒5克
生抽2汤匙
植物油1汤匙
盐1/4茶匙

制作关键

1. 鸡蛋一定要选用新鲜的。
2. 牛奶蛋液过筛后再烤，吃起来口感更细腻。

做法

1

鸡蛋打入容器中。

2

放入盐。

3

用筷子把鸡蛋搅打均匀。

4

蛋液中加入牛奶。

5

搅匀后过筛。

6

装入烤碗至七八分满。

7

把烤碗放入烤箱。

8

使用烤箱嫩烤功能，烤7~8分钟。

9

香葱切末放入碗中，浇入烧至八成热的植物油，再放入生抽做成调味汁。

10

香菜切末，红椒切粒。

11

烤好的牛奶鸡蛋羹先放入适量的调味汁。

12

再放入香菜末和红椒粒即可食用。

热菜 剁椒蒸豆腐

素食也可以很精彩。这道菜源于湘菜剁椒鱼头，用内酯豆腐来做，吃起来口感更加细嫩，味道也特别的鲜香，关键是制作简单，成品美观。

内酯豆腐改变了传统的用卤水点豆腐的制作方法，可减少蛋白质流失，并使豆腐的保水率提高，质地细嫩，有光泽，适口性好，清洁卫生。

豆腐为补益清热养生食品，常食之，可补中益气、清热润燥、生津止渴、清洁肠胃，尤其适宜热性体质、口臭口渴、肠胃不清、热病后调养者食用。

材料

原料（1人份）
内酯豆腐100克
剁椒10克

调料
大蒜2克
香葱2克
蒸鱼豉油2茶匙
植物油1汤匙
熟芝麻适量

做法

1

用刀把内酯豆腐四边修齐后放入盘中。

2

上面放上剁椒。

小贴士

内酯豆腐极为细嫩，韧性不足，放入盘中时可以用刀托着，注意不要弄碎。

3

把盘子放入已经烧开的蒸锅内，中火蒸5分钟取出。

4

大蒜切末，香葱切圈。

5

盘中倒入蒸鱼豉油。

6

内酯豆腐上放上大蒜末和香葱圈。

7

锅烧热后放入植物油烧至八成热。

小贴士

最后浇的植物油要热，才能激发出葱蒜的香味。

8

用勺子舀热油浇在葱蒜上，撒上熟芝麻即可。

小贴士

剁椒和蒸鱼豉油都是咸的，所以不用另外加盐了。

回锅豆腐

很多家庭讲究春节的时候吃豆腐，年根底下都会买几大块豆腐，放在室外冻几块炖菜吃，剩下的用盐水泡起来，能吃好多天而不变质。豆腐寓意"多福"，预示着新的一年幸福满满，快快乐乐。

豆腐是一种常见食材，营养价值很高。但是要想把豆腐做得好看、好吃，也不是太容易。这道菜受四川著名的回锅肉启发而来，用炸豆腐泡代替肉片，味道依然不错，很下饭。

🥗 材料

原料

炸豆腐泡300克

蒜苗80克

胡萝卜30克

调料

郫县豆瓣酱1汤匙

大葱、生姜、大蒜各5克

盐1/2茶匙

白糖1/2茶匙

生抽1茶匙

干淀粉2茶匙

植物油适量

🍚 做法

1 炸豆腐泡一切为二。

2 蒜苗的杆和叶分别切斜段，胡萝卜、大葱、大蒜切片，生姜切丝。

3 起油锅，爆香葱姜蒜。

4 放入郫县豆瓣酱炒出红油。

5 再放入豆腐泡、胡萝卜，加盐、白糖、生抽和半小碗水，翻炒2分钟。

6 放入蒜苗的杆炒至半熟。

小贴士

炒制过程中加入半小碗水，更利于炸豆腐泡入味。郫县豆瓣酱有咸味，所以不必加太多的盐。

7 再放入蒜苗的叶子炒匀。

8 干淀粉加水调成水淀粉，倒入锅中勾芡，翻炒均匀即可。

热菜 茶干青椒炒扁豆

下班路过小菜市场，看到有新鲜的扁豆卖。这种扁豆一看就是摊主自家种的，大小不是很均匀，也不像是用了化肥那样长得异常的大，就买了一些，搭配了香干和青椒炒，营养搭配更合理，吃起来味道很香。

记得小时候我家院子里的小菜园里每年都会种扁豆，有绿色和紫色两个品种。绿色扁豆比较扁，紫色的扁豆肚儿有点圆，吃起来口感区别不是太大。从夏天到秋天，每天都可以从爬在架子上的扁豆秧子上摘长成的扁豆，一茬一茬的，好像取之不竭。我最爱吃的做法是炸"扁豆鱼"，也就是在扁豆中间加点肉馅，裹了鸡蛋面糊，放到油锅里炸到外皮酥脆，吃起来外脆里嫩，很美味。

材料

原料
扁豆350克
茶干（豆腐干）100克

青椒100克
胡萝卜50克

调料
大蒜10克
盐1茶匙
白糖1/2茶匙

干淀粉1茶匙
植物油适量

做法

1 所有材料准备好，胡萝卜、青椒洗净。

2 扁豆洗净，撕去两头和两侧的筋络。

3 茶干切条。

4 青椒去籽后切条。

5 胡萝卜去皮后切粗丝。

6 大蒜切片。干淀粉加水调成水淀粉。

7 扁豆切成粗丝。

8 起油锅，油温五成热时放入蒜片爆出香味。

9 放入扁豆和胡萝卜略炒。

10 再放入青椒和茶干。

11 加入盐和白糖，放入2汤匙的水翻炒2分钟。

12 最后用水淀粉勾芡即可。

小贴士
扁豆和胡萝卜不容易熟，所以要先炒软，再放入其他材料。

小贴士
勾芡的菜品菜色会很明亮，菜汁包裹在食材上，吃起来更入味。

香干胡萝卜炒豌豆

颗颗碧绿的豌豆，看起来像极了翡翠珠子，既养眼又可爱，吃起来也是清香适口。感谢大自然赐予我们这样美妙的食物，让我们既可以果腹又可以欣赏。

这道绚丽的香干胡萝卜炒豌豆，用来佐粥非常合适。

材料

原料
豌豆250克
胡萝卜50克
豆腐干150克

调料
香葱10克
盐1茶匙
白糖1/2茶匙
干淀粉1茶匙
味精1/4茶匙
植物油适量

做法

豌豆洗净。

胡萝卜去皮切丁，豆腐干切丁。

香葱切圈。

起油锅，放入一半香葱爆香。

放入胡萝卜、豌豆、豆腐干翻炒。

加盐、白糖和少许水，加盖焖2分钟。

小贴士

胡萝卜和豌豆一定要炒熟，炒的时候加一点水略焖，更易熟透。

干淀粉加水调成水淀粉，倒入锅中，再加入味精快速炒匀。

放入剩余的香葱拌匀即可。

小贴士

最后放入香葱，有倒炝锅的增香作用。

油煎豇豆苦累

说起苦累这种饭食，现在的孩子别说见，估计很多人听都没有听说过。苦累是生活困难时期民间的一种吃食儿，用蔬菜拌以玉米面蒸熟，加盐、蒜末或蒜泥拌匀后吃，条件好点的再加点香油。里面的蔬菜可以用萝卜缨子、老豇豆、地瓜秧子、小白菜等。过去是没得好东西吃只好吃这个，现在这种菜式倒成了解馋的美味了。

豇豆性平、味甘咸，归脾、胃经，具有理中益气、健胃补肾、和五脏、调颜养身、生精髓、止消渴的功效，对呕吐、痢疾、尿频等症有益。

传统的苦累是蒸熟的，我用电饼铛加油煎熟，口感更香。

🧄 材料

原料
老豇豆500克
玉米面150克

调料
盐1茶匙
辣豆瓣酱1汤匙
白糖1/2茶匙
味精1/4茶匙
大蒜15克
植物油适量

🍚 做法

1

将老豇豆择洗干净，切段，放入盆中。

2

先放入辣豆瓣酱、盐、白糖、味精，搅拌均匀。

小贴士
豇豆洗后表面水分不用完全沥干，有适量的水分便于玉米面附着在表面。

3

再放入玉米面，翻拌均匀。

4

电饼铛预热后放入少许植物油铺一层。

5

把拌好玉米面的老豇豆平铺在电饼铛中。

小贴士
如果手边没有电饼铛，可以用平底锅来代替。煎的时候要勤翻动。

6

电饼铛加盖加热3~4分钟。

7

沿电饼铛边缘淋入适量植物油，翻匀后再加热3~4分钟。

8

最后放入蒜末，拌匀即可。

毛豆扁尖笋炒雪菜

这是一道好吃易做、经济实惠、味道鲜香的江南风味下饭小菜，每次做了老公都能多吃一碗米饭，可见他对这道菜的钟爱程度。

材料

原料

腌雪里蕻300克
扁尖笋150克
毛豆150克

调料

大葱10克
大蒜10克
白糖1茶匙
鸡粉1茶匙
植物油适量

做法

1

雪里蕻、毛豆、扁尖笋准备好。

2

雪里蕻和扁尖笋切成小粒。

3

把雪里蕻和扁尖笋浸泡在清水中30分钟，中间换一次水。

4

雪里蕻、扁尖笋捞出，挤干水分。

小贴士

雪里蕻和扁尖笋都是腌制品，很咸，在使用之前一定要浸泡出多余的盐分。

5

大葱和大蒜切碎。

6

锅烧热，放入适量的植物油，油温四成热时放入葱蒜碎爆出香味。

7

把雪里蕻和扁尖笋放入锅内翻炒。

8

再放入毛豆翻炒。

9

加入白糖、鸡粉和一小碗水，炒匀。

小贴士

这道菜不必再放盐了，因为浸泡时间不长，雪里蕻和扁尖笋还有咸味。

10

加盖，中火炖煮5~6分钟即可。

热菜

蒜蓉炒黑豆苗

　　黑豆苗是黑豆无土栽培而成的，看起来青青翠翠的惹人喜爱。黑豆苗含有丰富的蛋白质及碳水化合物，富含铁、钙、磷及胡萝卜素，其性微凉，味甘，有活血利尿、清热消肿、补肝明目的功效；黑豆苗还可以美白嫩肤，单位热量很低，是很好的减肥食品。

🧄 材料

原料	调料	
黑豆苗600克	大蒜15克	味精1/4茶匙
	盐1茶匙	植物油适量

做法

1

黑豆苗拣去黑豆皮，洗净，沥净水分。

2

大蒜切碎。

3

起油锅烧至四成热，放入大蒜碎炒出香味。

> **小贴士**
>
> 大蒜碎一定要小火焐出香味来。

4

放入黑豆苗，加入盐翻炒2分钟，最后加味精调匀即可。

> **小贴士**
>
> 黑豆苗一定要炒至熟透再食用。

第三篇

小吃、主食

▶▶ 令人食指大动
的花样美味

粒粒晶莹剔透的砂糖嵌在曲奇中，好像水晶一样美丽，吃起来也很有质感。这道点心让我想起小时候吃的月饼，最喜欢里面大颗的冰糖，咬在嘴里嘎嘣脆，我好像每次都是先把月饼里的冰糖抠出来吃掉（里面的青红丝是我最不喜欢的），现在想起来都觉得很享受。

冰花巧咖曲奇

材料

原料

黄油250克
糖粉120克
粗砂糖60克
全蛋液100克
低筋面粉320克

调料

可可粉30克
速溶咖啡5克
盐3克

做法

1. 速溶咖啡用擀面杖擀碎。

2. 把低筋面粉、可可粉、咖啡粉放入盆中拌匀。

3. 把步骤2中的粉类过筛2遍。

4. 室温下软化的黄油放入盆中，加入糖粉、粗砂糖、盐。

小贴士

黄油一定要在室温下完全软化再打发。

5. 搅打至黄油发白蓬松。

6. 分4次加入全蛋液，每次都要等蛋液被黄油完全吸收后再加。

7. 搅打至黄油和蛋液完全融合。

8. 放入步骤3中筛过的粉类。

9. 用橡皮刮刀翻拌均匀，成曲奇面糊。

小贴士

糖、油和粉类不能搅拌时间太长，以免面粉出筋，影响口感。

10. 把曲奇面糊装入安好裱花嘴的裱花袋中。

11. 在铺了油纸的烤盘上挤出曲奇。

12. 放入预热好的烤箱中层，以180℃上下火烤15分左右，至曲奇表面微微上色，取出放到烤架上晾凉。

榴莲核桃芝心披萨

这是一款超级美味的甜味披萨，榴莲味道浓郁，核桃仁香脆。此刻在编辑菜谱的时候我都忍不住要流口水，看来我真是地道的吃货啊。

材料

饼坯材料

高筋面粉130克

黄油4克

植物油4克

炼乳6克

水65克

酵母粉2克

泡打粉2克

盐1.5克

白糖8克

馅料

马苏里拉奶酪丝
250克

榴莲肉300克

核桃仁30克

装饰材料

鸡蛋1个

制作关键

1. 马苏里拉奶酪丝要提前从冰箱里拿出来回温，太凉的话会影响饼坯发酵。

2. 烤箱的温度和烤制时间可以根据不同型号的烤箱适当调整。

做法

1

2

3

做饼坯：酵母粉放水中搅拌至完全溶化。面粉中先加入泡打粉拌匀，再放入植物油、盐、白糖、炼乳，分次加入酵母水。

搅拌成雪花状的面团。

再用手揉搓均匀。

4

5

6

放入黄油揉匀，加盖醒发20分钟。

披萨盘刷一层油，筛入少许面粉。

把醒发好的面团擀成比披萨盘略大的面片，放入披萨盘中。沿着面片的边缘放一圈马苏里拉奶酪丝。

7

8

9

用手把面片外沿提起来向内压下，包住马苏里拉奶酪丝，间隔提压形成花边。

加盖醒发1小时，饼坯中间用叉子插眼。

榴莲肉用刀抹成泥。

10

11

12

披萨饼皮中间先放一层马苏里拉奶酪丝，再放入榴莲果泥，上面放核桃仁。

表面再撒一层马苏里拉奶酪，用刷子在饼坯边缘的面皮上刷一层蛋黄液。

放入预热至200℃的烤箱，以200℃上下火烤15分钟左右，烤至饼坯边缘呈金黄色即可。

玉米烙

很多女士去饭店时喜欢点这道甜菜，口感香甜酥脆，很受欢迎。回家自己做也很简单，现在市场上四季都有新鲜的甜玉米卖，煮熟了剥下玉米粒，裹粉后煎炸即可。最后我还加了蔓越莓碎粒和葡萄干，吃起来口感更加丰富。

材料

原料

甜玉米粒250克
水磨糯米粉15克
玉米淀粉35克
蔓越莓适量
葡萄干适量

调料

糖粉适量
植物油适量

做法

1
甜玉米粒煮熟，捞出，浸泡在水中，用手搓散后沥净水分。**小贴士**

甜玉米粒过水是为了使其外皮湿润，能粘住粉。

2
放入糯米粉和玉米淀粉，用手抓匀，使每粒甜玉米都沾上粉。

3
锅烧热，放入少许油，把甜玉米粒平铺在锅内，整理成圆形，小火煎至定型。

4
沿锅边淋入油，至没过玉米粒。

5
开中大火，把甜玉米粒炸至酥脆。**小贴士**

第二次放油后，要中大火煎炸，这样才外表酥脆，内部不至于太干。

6
盛出后放在厨纸上吸去多余的油脂，表面筛上糖粉。**小贴士**

糖粉一定要出锅再放，放早了会受热而变色。

7
撒入葡萄干和切碎的蔓越莓即可。

秋天新鲜的山药上市了，不仅可以煮粥、炖汤、炒菜，还可以用来做甜点，花点小心思就能烹制出一道酒店级别的美味甜点。山药有很高的营养价值，具有补中益气、消渴生津、润燥养颜等功效，在越来越冷的秋季，吃点山药可以益气养血，暖身滋补。

🫚 材料

原料
山药160克
豆沙馅70克

调料
白糖10克
炼乳10克
红枣适量

🍲 做法

山药洗净，放入蒸锅内蒸软。

小贴士
尽量选择含水量低的面山药，脆的山药很难碾成泥。

蒸好的山药趁热去皮，放置到案板上用刀背反复抹擦，直到变成细腻的山药泥。

把山药泥放入盆中。

加入白糖和炼乳搅拌均匀。

圆形模具中放入一层山药泥抹平。

小贴士
模具中每放入一层料，都要压实后再放另一层。

再放入一层豆沙馅。

同样用小勺抹平压实。

交替填入山药泥和豆沙馅，直到把模具填满。

提起模具脱模。

表面点缀适量切成粒的红枣肉即可。

桂花姜糖糯米藕

　　秋天是食藕的季节，新收获的莲藕汁多肉厚，无论煎炒炖煮口感都非常好。

　　第一次见到糯米藕是多年前在周庄，石板路上看到有位当地的女子，手中拿了一段糯米藕边走边吃，像吃零食一样，感到很好奇，于是在小店买来品尝，软糯香甜，非常美味。秋天气温逐渐降低，身上不免感到丝丝寒意，在糯米藕中加入红糖和生姜，可以驱寒，特别适合女子食用。

材料

原料
莲藕1根（重约900克）
糯米100克

调料
元宝红糖100克
生姜20克

白糖1汤匙
干淀粉3/2汤匙

糖桂花2汤匙

做法

材料备好，莲藕洗净。

小贴士
莲藕选择短粗肉厚的为好。

糯米淘洗干净，在清水中浸泡1小时以上，沥干水分。

生姜切厚片。

莲藕削去外皮。

用刀把一端切下一片。

从中间的藕孔灌入糯米。

用筷子捅进去压实。

切下的一片藕依原样盖好，用牙签插紧。

灌好糯米的藕和元宝红糖放入高压锅内，加入适量水没过莲藕。

放入生姜片。

高压锅加盖，大火烧开，转小火煮30分钟，关火后闷2小时。

小贴士
煮好的莲藕关火再焖制一段时间，可以更好地入味。

取出煮好的糯米藕晾凉。

煮藕的汤倒适量在另一个锅中煮开，加入糖桂花和白糖。

倒入干淀粉加水调成的水淀粉勾芡。

小贴士
最后熬的芡汁要稍微浓稠一些，在糯米藕片上才挂得住。

煮至汤汁浓稠。

糯米藕切片放入盘中，浇入烧好的芡汁即可。

小吃 **葱油豆腐脑**

一碗豆腐脑，搭配几根炸油条或者烧饼，再来点金丝小咸菜，是北方地区的经典早餐。豆腐脑滑嫩鲜美，易于消化，老少皆宜。

自己做豆腐脑也很简单，滚开的豆浆冲入溶化的内酯中，加盖静置10分钟就好了，可以根据自己的喜好调成甜或者咸的味道。

材料

- **原料**

  水发黄豆150克
  内酯1茶匙

  调料

  葱花酱油适量
  剁椒酱适量
  小葱花适量
  醋适量

制作关键

1. 内酯要提前用水溶化开。
2. 葱花酱油做法：葱花中浇入滚烫的热油，再放入适量的生抽和胡椒粉搅匀。

豆浆的温度大约80℃时，由高处冲入装内酯的容器中。

小贴士

豆浆要从高处冲入内酯中，不要搅拌，做出的豆花才光滑。

用勺子把豆腐脑舀出来。

做法

1 水发黄豆洗净，放入料理机，加适量水打成豆浆。

2 过滤出豆浆放入锅内烧开，小火煮3~5分钟后关火。

3 内酯放入容器中。

4 加2汤匙的水搅拌至内酯溶化。

6 撇去表面的浮沫。

7 加盖静置10分钟至豆浆凝固，即成豆腐脑。

9 放入碗中。

10 加入适量的葱花酱油、剁椒酱、小葱花、醋即可食用。

141

川味豆花

小吃

豆花其实就是老豆腐，其软硬程度介于豆腐脑和豆腐之间。北方的老豆腐配以勾过芡的卤汁，卤汁中通常有黄花菜、黑木耳等；四川的豆花则配以香辣开胃的蘸水（味汁），蘸水的材料通常有熟花生米碎、酥黄豆、复制酱油、熟芝麻、香菜、辣椒红油等，配上米饭就是著名的豆花饭。

制作关键

1. 磨豆浆时多磨几遍，可以更彻底地把豆浆磨出来。
2. 用卤水点豆花时温度要把握好。

材料

原料

干黄豆200克

调料

盐卤4克	辣椒红油4汤匙
香菜20克	复制酱油2汤匙
香葱20克	盐1/2茶匙
薄荷10克	味精1/4茶匙
熟花生米20克	

做法

1
干黄豆洗净后用清水完全泡发。

2
泡发的黄豆放入料理机中，加入适量的水磨碎。

3
用布袋过滤出豆浆。

4
盐卤加60克水搅拌至溶化。

5
豆浆放入锅内烧开，撇去浮沫，豆浆温度降至约80℃时把盐卤分次放入豆浆中。

6
4～6分钟时豆浆开始凝固。

7
待豆浆完全凝固、汤汁变清时，用漏勺轻压形成豆花。

8
薄荷、香葱、香菜洗净。

9
把薄荷、香葱、香菜分别切碎，熟花生米去皮后切小粒。

10
除盐卤外所有调料放入小碗中调匀，豆花盛入碗中，浇上调好的味汁食用即可。

桂花豆沙藕粉小圆子

这是一道江南小吃。去年春节去苏州的时候，弟弟、弟妹带着我们去当地一家新开的店吃地道的苏州小吃，其中就有这道桂花豆沙小圆子，软糯香浓，我特别喜欢。这些材料北方都有，但是这样的搭配一般人家却不常见。

🥕 材料

原料（2~3人份）

豆沙80克	开水30克	白糖2茶匙
红枣莲子藕粉80克	凉水510克	核桃仁适量
水磨糯米粉50克	温水60克	干桂花适量

🍚 做法

水磨糯米粉中倒入30克开水。

再放入10克凉水搅匀后揉搓成团。

把粉团搓细条，分割成花生米大小的剂子。

用手分别搓圆。

锅内加水烧开，放入搓好的小圆子，煮至浮起。

捞出后放入白糖拌匀。

豆沙馅放入500克水中。

搅拌至豆沙馅完全溶于水中，放到炉子上烧开。

小贴士

小圆子煮至浮起要立即捞出，煮时间长了会失去筋道的口感。

红枣莲子藕粉用60克温水搅匀。

小贴士

稀释藕粉时用温水，便于快速烫熟。

立即冲入滚开的豆沙汤。

用筷子快速搅拌，直到藕粉变得透明。

把冲好的藕粉分盛在小碗中，放入煮好的小圆子，再撒入少许干桂花和切碎的核桃仁即可。

桂花杏话梅糖水桃子

如果不小心买到不太熟的桃子怎么办？直接吃不好吃，丢了又可惜。用来做道甜点吧，冰镇后吃起来甜中带酸，还有淡淡的桂花香味。儿子和他的同学尝过后都说好吃得不得了，原来看都没人看一眼的酸桃子成了抢手货！同一种食材，变变做法就会有想不到的惊喜，这道甜点可以说是物尽其用。

材料

原料	调料
桃子2000克	干桂花1汤匙
冰糖200克	盐1茶匙
杏话梅50克	

制作关键

1. 做这道甜点一定要选六七成熟的桃子，太熟的桃子一煮就烂了，也缺少酸味。
2. 桃子放入淡盐水或加面粉的水中浸泡10分钟，桃毛就很容易洗净了。

做法

桃子放水盆中，加盐，浸泡10分钟后搓洗干净，再冲一遍。

用小刀顺着桃子中间的纹路，转着切一圈，刀口要深入至桃核。

用手捏住刀口两侧，反向旋转，将桃子分成两半。

用刀把桃核剔除。

所有的桃子都要这样把桃核去掉。

把桃子放入锅内。

加入冰糖和盐。

加足量水没过桃子表面。

放入杏话梅，大火烧开2分钟。

用勺子撇去浮沫。

中火煮10分钟。

这时可以用筷子比较容易地插透桃肉。

关火，盖好锅盖闷半个小时。

开盖后立即放入干桂花，加盖晾凉后入冰箱冷藏，4小时后再食用。

小贴士
桂花不要放得太早，免得香味挥发掉。煮好后最好能冰镇，口感会更好。

豆皮薹菜蒸馄饨

我喜欢做纯肉馅的馄饨，或者荠菜猪肉的，素馄饨还是第一次做（有鸡蛋不能算纯素的），品尝后感觉也不错，很清香。蒸出来的馄饨个个晶莹剔透，外皮闪着玉一般的光泽，隐隐透出碧绿色的馅料，很漂亮。

材料

原料

蕈菜500克
豆腐皮150克
山鸡蛋3个
馄饨皮1000克

调料

盐3/4茶匙
白糖1/2茶匙
鸡粉1/2茶匙
味精1/4茶匙
熟植物油2汤匙
香油1茶匙

做法

1

蕈菜洗净后放入开水锅内烫软，捞入冷水中降温，捞出控干，切碎，挤去多余的水分。

2

山鸡蛋打入碗中搅匀。平底锅刷油烧热，倒入蛋液摊成鸡蛋皮，切碎。

3

豆腐皮切碎。

4

把蕈菜、鸡蛋皮、豆腐皮、盐、白糖、鸡粉、味精放入盆中，再放入熟植物油、香油拌匀成馅。

5

馄饨皮放入手心，中间放入馅料。

6

馄饨皮对折，包住馅料。

7

再对折，把馄饨皮下面的两端抹些清水，捏在一起。

小贴士

包馄饨皮的时候在接触点抹些水，馄饨不容易散开。

8

包好的馄饨放在容器上。

9

蒸锅加水烧开，蒸篦刷一层油，上面放上馄饨。

10

加盖后大火蒸5分钟即可。

小贴士

蒸的时间不要过长，以免蕈菜变黄。

豆腐韭菜水饺

韭菜搭配了豆腐、鸡蛋
和黑木耳，使得水饺的馅料
口感更丰富，营养更全面，
味道清新淡雅。

材料

原料

面粉500克
水235克
韭菜300克
豆腐250克
水发黑木耳40克
鸡蛋2个

调料

盐1茶匙
白糖1/2茶匙
味精1/4茶匙
香油2茶匙
植物油适量

做法

1. 面粉中分次加入水，搅拌成雪花状。

2. 揉搓均匀成面团，加盖醒30分钟。

3. 鸡蛋打入碗中搅散，倒入热油锅内炒熟，晾凉。

4. 另起锅，加适量油，放入切成小丁的豆腐，煎至表面微黄，晾凉。

5. 韭菜洗净后控干水分，切碎。

6. 水发黑木耳切碎。

7. 把炒鸡蛋放入煎豆腐的锅内，用铲子铲碎。

8. 放入韭菜和香油拌匀。

小贴士

让韭菜馅不出汤的秘诀就是先用油拌匀，再放盐。

9. 再放入黑木耳、盐、白糖、味精拌匀成为饺子馅。

10. 醒好的面团搓成条，分割成剂子。

11. 把剂子按扁后擀成饺子皮。

12. 取一个饺子皮，中间放入适量的饺子馅压实。

13. 包成月牙形的饺子生坯。

14. 包好的饺子放到竹帘上。

15. 锅内放入足量的水烧开，下入包好的饺子。

16. 煮至饺子浮起，内部充满气体时捞出即可。

小贴士

饺子下入锅内的前30秒淀粉没有糊化，不要搅动，这样饺子就不容易煮破皮。

茴香鸡蛋酱香水饺

这款素水饺添加了炸酱，口感特别有层次，比荤馅都不逊色，不信你就试试看。

炸酱也很简单：锅内放入适量油烧热，放入豆瓣酱、甜面酱（比例任意，我的是各一半）小火慢炸，直到酱变得明亮吐油，最后放入适量切碎的葱调匀即可。炸酱一次可以多做点，放入罐头瓶中保存，无论用来调馅、蘸蔬菜、卷饼，还是拌米饭、做酱汤，都特别好。

🧄 材料

原料	调料
茴香250克	炸酱1汤匙
鸡蛋2个	香油1茶匙
茶干40克	盐1/2茶匙
面粉300克	白糖1/4茶匙
水150克	味精1/4茶匙
	植物油适量

🧂 做法

茴香择洗干净后放入开水锅中，焯烫3~4分钟。

捞入冷水中降温。

鸡蛋磕入碗中打散，放入烧热的油锅内炒熟，用铲子铲碎。

茶干切小粒。

茴香挤干水分后切碎，再次挤出多余的水分。

茴香、茶干、炸酱放入炒鸡蛋锅内，加盐、白糖、味精、香油拌匀成馅。

小贴士

不同品牌的酱咸度不同，盐的量可以适当调整。

面粉分次加入水，搅拌成雪花状。

再揉搓成均匀的面团，醒15分钟。

小贴士

醒好的面团搓成条，分割成剂子。

把剂子按扁后擀成圆形的饺子皮。

饺子面团揉好后一定要醒一会儿，这样面团才柔顺，易于擀皮。

饺子皮放在手心，中间放入馅料压实。

包成半月形的饺子。

所有饺子依次包好。

锅内放足量水烧开，下饺子煮熟，捞出即可。

小贴士

煮饺子的水一定要足够多，这样才不容易煮破。

马齿苋香菇木耳包

炎炎夏日，人们大多胃口不好，喜欢吃点清淡的素食。马齿苋在夏季长得正旺，两场雨过后，楼下花池子里的马齿苋显得青翠欲滴，我采了一点用来做素包子。馅料中我还搭配了香菇、黑木耳、粉条，使得包子吃起来口感层次多样，营养更加丰富。

马齿苋也叫马苋、五行草、五方草、长命菜、九头狮子草、马胜菜，我们老家称为蚂蚱菜，夏季田间地头随处可见，生命力很强。马齿苋叶像马齿，而且具有滑利性，因而得名。马齿苋的吃法很多，可以除去根部并洗净后，直接炒着吃；也可以将它投入沸水中，焯几分钟后切碎拌着吃，还可以做汤、饺子馅、和在面里烙饼吃；或者焯烫后晒干了保存，随时取用。

🥘 材料

原料

马齿苋500克
面粉600克
鲜酵母10克
水300克

干香菇8朵
干黑木耳8克
粉条50克

调料

洋葱100克
盐1茶匙
白糖1茶匙
味精1/2茶匙

香油1茶匙
植物油2汤匙

准备工作

1. 香菇、黑木耳用清水泡发。

2. 粉条放入开水中泡软，捞出切成段。

3. 洋葱切小粒。

做法

1

鲜酵母放在水中浸泡3分钟，搅拌至溶化，把酵母水分次倒入面粉中拌匀，揉搓成均匀的面团。

2

面团加盖，醒发到原体积2倍大。

3

马齿苋择洗干净，放入开水锅内焯烫2~3分钟，捞出浸泡在冷水中降温。

4

把香菇去蒂后切成粒，黑木耳去根后切碎。

小贴士

马齿苋焯水后再入馅，可以去除部分酸味，口感更好。

5

马齿苋捞出沥水，切碎，再挤干水分。

6

锅内放入植物油烧至五成热，放入洋葱，小火炒至微微发黄，关火。

7

把粉条、香菇、黑木耳、马齿苋放入锅内，加盐、白糖、味精、香油。

8

搅拌均匀成为馅料。

9

醒发好的面团揉搓至完全排气，搓条，分割成24等份。每个剂子分别搓圆，按扁后按成直径约为10厘米的包子皮。

10

取一个包子皮放在手心，中间放入适量馅料压实。

11

先把包子皮向里推进一点后捏紧。

12

再把内侧的包子皮打褶捏紧。

13

然后把外侧的包子皮打褶捏紧。

14

重复步骤12和13，直到包成秋叶形的包子。

15

包好的包子放置到盖帘上，加盖拧干的湿布，醒发15~20分钟。

16

锅内加水，铺好打湿的屉布，逐个放入醒发好的包子，加盖大火烧开，转小火蒸15分钟即可。

小贴士

生坯入锅时互相之间要保持一定的距离，否则蒸好后会挤在一起，影响品相。

主食 豇豆麻酱凉面

北方人吃面食较多，特别是在炎热的夏天，凉面更是家庭餐桌的主打食物。记得小时候每到夏天，妈妈总会用手擀面来做凉面，菜码有豇豆、小白菜、黄瓜丝、萝卜丝、黄豆芽、绿豆芽等，再搭配芝麻酱、酱油醋、蒜泥、香油，做法简单，吃起来却美味，一家人团坐在餐桌边吃得津津有味，完全没觉得生活有多艰苦。小时候吃过的食物的味道会深深刻在孩子们的记忆中，我们长大成了家，凉面也随之搬上小家庭的餐桌，我想这种饮食方面的喜好会代代传承下去。

156

🫑 材料

原料

鲜面条800克
豇豆250克

调料

大蒜20克
芝麻酱2汤匙
陈醋2汤匙
生抽2汤匙
盐3/2茶匙
香油2茶匙
白糖1/2茶匙
味精1/4茶匙
红椒15克
香菜10克
熟芝麻2汤匙

🍚 做法

1. 把调料中的芝麻酱、陈醋、生抽、盐（1茶匙）、香油（1茶匙）、白糖放入小碗中。

2. 用勺子调匀。

3. 大蒜切末，红椒切粒，香菜切段。

4. 锅内水烧开，放入洗好的豇豆焯烫3分钟。

5. 捞出豇豆放在冷水中降温，捞出切段，加盐（1/2茶匙）、味精、香油（1茶匙）拌匀。

6. 另起锅，放入足量的水烧开，放入面条煮至浮起后再煮1分钟。

7. 捞出面条过凉水后沥干水分。

8. 把适量煮好的面条放入盘中，先淋入1汤匙调好的芝麻酱汁。

9. 再放入适量的豇豆。

10. 放入红椒粒、蒜末、香菜段，撒入适量熟芝麻拌匀即可。

小贴士

喜欢吃辣的可以再放点辣椒油，吃起来更是开胃。

主食　西红柿鸡蛋面片汤

妹妹来家里做客，带来了饺子皮和她自家种的韭菜。我们包了韭菜鸡蛋饺子，还剩余一些饺子皮，被我放在冰箱里。两天后翻冰箱看到有西红柿和韭菜、鸡蛋、饺子皮，决定做个面片汤，省却了和面、擀面的过程，还特别适合老人和孩子吃。俗话说"糊米烂面不伤人"，这道面片汤特别好消化。

材料

原料	调料	
饺子皮300克	虾皮15克	味精1/4茶匙
西红柿1个（约150克）	大蒜3克	胡椒粉1/4茶匙
鸡蛋2个	盐1茶匙	植物油适量
韭菜50克	白糖1/2汤匙	

做法

1 准备好饺子皮。

2 西红柿洗净，切小丁。

3 韭菜洗净，切段。

4 鸡蛋打入碗中，用筷子搅散。

5 起油锅，放入切成片的大蒜爆香。

6 再放入西红柿炒出红油。

7 锅内加入适量的水，放入盐和白糖，大火烧开3分钟。

8 把饺子皮揪成面片下入锅内。

小贴士

如果你揪面片的技术不够熟练，可以先把面片揪好放在盖帘上，再一起下入锅内，这样就不会煮烂。

9 放入虾皮，煮至饺子皮全部浮起。

10 锅中打入鸡蛋液。

11 放入韭菜。

小贴士

韭菜要最后再放，以保持鲜艳的绿色。

12 加胡椒粉、味精调匀即可。

主食 胡萝卜青椒炒面

这是一道快手主食，制作简单便捷，吃起来开胃有营养，特别适合喜欢素食的人。胡萝卜具有健脾消食、补肝明目、清热解毒、透疹、降气止咳的功效。大家都知道胡萝卜富含胡萝卜素，经过炒制后转化为维生素A，对保护眼睛很有益处。特别值得一提的是维生素A是脂溶性维生素，胡萝卜只有经过炒制后，维生素A才会被释放出来，利于人体吸收，更具营养价值。

这道主食也是处理剩面条的好方法。如果煮的面条一次吃不了，剩余的过水后沥干水分，用香油拌匀，晾凉后放入冰箱保存。下次再吃的时候只要加点蔬菜一炒即可，好吃还不浪费。

材料

原料

煮熟的面条500克
青椒50克
胡萝卜150克

调料

大葱10克
盐3/4茶匙
生抽2茶匙
味精1/4茶匙
植物油适量

制作关键

面条最好选粗面条，炒的时候不易断，口感也好。

做法

1

先把熟面条抖散。

2

胡萝卜去皮切丝，青椒切丝，大葱切丝。

3

起油锅爆香大葱丝。

4

再放入胡萝卜炒至出红油。

5

放入熟面条略炒。

6

再放入青椒丝、盐、生抽翻炒至面条油亮有韧性，加味精调匀出锅。

小贴士

喜欢吃辣的可以放些干红辣椒面一起炒。

春季应该特别注意对肝脏进行保养，以顺应天时。在饮食调养时要考虑到春季属于阳气开始升发的特点，适当多吃一些具有辛甘发散性质的食物，如油菜、香菜、韭菜、洋葱、芥菜、白萝卜、茼蒿、大头菜、茴香、白菜、芹菜、菠菜等。

春天吃韭菜首选红根韭菜，味道鲜嫩，口感极好。

沙河粉是广州一种大众化的米制品，有一百多年历史，因最早出自沙河镇而得名。将大米用白云山上九龙泉水泡制后磨成粉浆蒸制，切条而成。沙河粉洁白薄韧，可以干炒、湿炒、泡食（汤粉）、凉拌等。

主食 鸡蛋韭菜炒沙河粉

材料

原料
干沙河粉300克
韭菜250克
鸡蛋3个

调料
大葱5克
红彩椒15克
盐1茶匙
白糖1/2茶匙
生抽2茶匙
味精1/4茶匙
植物油适量

做法

1 干沙河粉用清水泡软。

2 韭菜择洗干净。

3 韭菜切成段。

4 红彩椒切丝,大葱切片。

5 鸡蛋打入碗中,搅打均匀。

6 锅烧热,放入少许油烧至八成热,倒入鸡蛋液。

7 用筷子搅散,把鸡蛋炒熟后盛出。

8 另起油锅,爆香大葱片。

9 放入浸泡好的沙河粉。

10 再放入红彩椒丝和少量的水,炒至沙河粉变透明。

11 放入韭菜段。

12 再放入鸡蛋。

13 加入盐、白糖、生抽、味精调匀。

14 翻炒至韭菜变色,立即出锅。

小贴士

这道菜要大火快炒,沙河粉炒的时间长了会粘到一起。韭菜炒到七成熟口感最好。

主食 **双豆花生红枣粽**

端午节是每年农历五月初五，又称端阳节、午日节、五月节等。端午节是纪念屈原的传统节日，部分地区也有纪念伍子胥、曹娥等说法。"端午节"为国家法定节假日之一，并被列入世界非物质文化遗产名录。端午节有吃粽子，赛龙舟，挂菖蒲、莴草、艾叶，薰苍术、白芷，喝雄黄酒的习俗。

北方地区的粽子以甜味和原味的为主，南方地区则有包肉的、咸味的，各有风味。

 制作关键

1. 高压锅煮粽子节约时间和能源。如果用一般的锅，大的粽子通常要煮6小时左右。
2. 煮出的粽子若一时吃不了，可以浸泡在冷水中，每天换2次水，可保存两三天不坏。

最佳搭配和吃法：这款粽子冷热都可食用。可以搭配白糖或蜂蜜，最好再搭配一杯茉莉花茶以帮助消化。

材料

原料

糯米800克
花生150克

红豆50克
去皮绿豆50克
红枣150克

干箬竹叶适量
马连草适量

准备时间

8小时以上。糯米、绿豆、红豆、红枣提前浸泡。

做法

1

红豆、红枣、去皮绿豆洗净，用清水泡发。

2

糯米淘洗干净，用水浸泡8小时以上，到用手可以碾碎的程度。

3

马连草洗净，入开水锅烫软后捞出。

4

干箬竹叶放入开水锅中烫软，捞出，洗净后剪去根部硬梗。

5

浸泡的所有原料（除红枣外）沥干水分，放入盆中。

6

搅拌均匀成粽料。

7

两张箬竹叶不光滑面搭在一起，折成漏斗形。

8

先放入少许粽料。

小贴士

箬竹叶比芦苇叶薄，所以用2张搭接来包粽子比较好。

9

再放入四五颗红枣。

10

再放入粽料至九分满。

小贴士

粽子中的糯米不要放得十分满，这样里面有一定的空隙便于水分进入，使内馅软糯。

11

把多余的箬竹叶折过来盖住粽料，两侧用手指捏紧。

12

剩余的粽叶先捏扁，再顺势折向侧面。

13

用马连草把粽子绑紧。

14

所有的粽子都这样包好，放入高压锅内。

15

高压锅内倒扣一个空盘子压住粽子，加入水没过粽子5厘米左右。

16

高压锅加盖，大火烧开，上汽后转小火煮2小时，关火再焖半小时后取出。

菜汁小火烧

主食

目前我家所有的主食都是自己做，吃着放心不说，还可以做出自己喜欢的花样，一举多得。春天，菠菜、小白菜、蘑菜都极为便宜，一斤的价格都不到一元钱。我将小白菜洗净切碎后加点盐腌一会儿，挤出小白菜汁做了这个小火烧，小白菜做了玉米菜团子，一样菜可以做出2种主食。

材料

原料	调料
小白菜1000克	色拉油3汤匙
面粉1000克	盐1茶匙
鲜酵母15克	面粉适量

特别提醒：很多人没用过鲜酵母，其实鲜酵母比干酵母的风味更好，买回来后切小块，放入冰箱冷冻（非冷藏），可以保存较久时间。1块450克的鲜酵母（通常不超过10元钱）可供普通家庭用半年之久。用量以干酵母的比例计为：鲜酵母:干酵母=10:7或10:8

做法

1. 小白菜洗净后切碎，加入1/2茶匙的盐腌制5分钟，挤出菜汁，称取680克菜汁。

2. 从称好的菜汁中倒出少许，放入鲜酵母，搅拌至鲜酵母溶化。

3. 面粉放入盆中，先放入酵母水，再分次放入剩余的蔬菜汁，拌匀后和成面团。

4. 加盖醒发到面团体积膨大1倍。

小贴士
用于烙烧饼的面团要和得软一些，这样口感才好。

5. 醒发好的面团揉搓至完全排气，放在撒了薄面的案板上，擀成厚度约为1厘米的面片。

小贴士
面团比较湿，擀制时要及时在案板上撒面粉防粘。

6. 面片上刷一层色拉油，均匀撒入1/2茶匙盐后筛入少许面粉。

小贴士
两片之间要刷油、筛面粉，烙出的饼层次才分明。

7. 纵向三折。

8. 面片横过来略擀，再刷一层油，筛少许面粉。

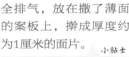

9. 面片两边向中间对折，表面再刷一层油，筛少许面粉。

10. 对折起来。

11. 先用擀面棍把面片压薄一些。

12. 再擀成厚度约为1厘米的面片，用圆形切模切出圆形的饼坯。

13. 电饼铛预热后刷一层色拉油，放入饼坯。

14. 加盖烙至表面微微变黄，饼坯表面刷一层色拉油后翻面，加盖烙至两面金黄即可出锅。

韭菜鸡蛋盒子饼

夏日炎炎，气候潮湿，会令人没有胃口，不妨试试这款素馅的盒子饼。盒子饼饭菜合一，制作简单，再搭配一碗绿豆汤或者小米粥，营养均衡，美味可口。

材料

原料	调料
韭菜500克	色拉油3汤匙
面粉500克	香油2茶匙
开水130克	盐3/2茶匙
凉水150克	白糖1/2茶匙
鸡蛋4个	味精1/2茶匙

做法

面粉盆中加开水搅匀，再加凉水拌成雪花状。

揉搓成均匀的面团，加盖醒15分钟，再次揉匀。

小贴士

盒子面团采用半烫面的调制方法，是为了使面团的筋性降低，既增加了面团的可塑性，又使口感更软。

韭菜择洗干净后沥干水分，切碎。

鸡蛋打入碗中搅匀。锅烧热，放入色拉油烧至八成热，倒入蛋液炒熟关火，用铲子铲碎后晾凉。

晾凉的炒鸡蛋中放入韭菜，加香油拌匀，再放入盐、白糖、味精拌匀成馅。

醒发好的面团搓条后分割成12等份。

面剂子分别搓圆后按扁，擀成长圆形的面皮。

面皮中间放入适量韭菜鸡蛋馅。

把面皮对折，边缘捏紧。

用手在盒子边上捏出花边。

电饼铛预热，逐个放入包好的盒子生坯。

先烙至表面微黄，刷一层油后翻面。

另一面也刷一层油，再喷少许的水。

继续加盖烙至盒子两面金黄，即可出锅。

小贴士

烙盒子时喷点水，使盒子外皮不会变得太干而影响口感。

169

草头虫草花鸡蛋卷

用南方的草头做北方的鸡蛋饼，这道主食可以说是南北结合。这道草头虫草花鸡蛋卷搭配一碗香浓的粥，再配一些小咸菜，吃起来顺口、好吃又养胃。

材料

原料

草头50克　　　水发黑木耳10克

虫草花50克　　面粉150克

鸡蛋2个　　　　水280克

调料

大葱5克

盐1茶匙

白糖1/2茶匙

植物油适量

做法

1. 草头放入开水锅内烫软，捞入冷水中降温。

2. 虫草花也放入开水锅中，焯烫3分钟后捞入冷水中。

3. 把草头和虫草花挤干水分切碎，水发黑木耳和大葱也切碎。

4. 草头、虫草花、黑木耳和大葱放入大碗中，打入鸡蛋。

5. 加入面粉、盐、白糖。

6. 再放入水。

7. 搅拌成均匀的面糊。

> 小贴士
> 面糊不要太稠，否则不容易铺匀，摊出的饼也会偏厚不好吃。

8. 电饼铛预热后倒入少许油刷匀。

9. 用勺子舀起适量面糊，从电饼铛中间倒入。

10. 用铲子协助，使面糊铺满电饼铛。

11. 待面糊基本凝固，由一端开始卷起来。

12. 卷成卷后再煎至两面金黄，取出切段装盘。

> 小贴士
> 卷好后再煎一煎，是为了使饼熟透。

主食 烤茴香花卷

　　茴香又称为香丝菜，是一种香辛蔬菜，人们常用来做馅。茴香含有茴香油，能促进消化液分泌，增加胃肠蠕动，排除积存的气体，所以有健胃、行气的功效。茴香还有抗溃疡、镇痛、性激素样作用等。

　　茴香通常用来做包子、饺子的馅，这次我用茴香来做花卷，再将花卷切片，用电饼铛烤至两面金黄。切片的花卷有着美丽的纹路，吃起来外脆里软，既好看又非常好吃。

材料

原料
面粉500克
水230克
茴香150克

调料
鲜酵母8克
盐1茶匙
白糖1/2茶匙
味精1/4茶匙
色拉油1汤匙

做法

鲜酵母中加入水，浸泡3分钟后搅匀，分次倒入面粉中拌匀，揉搓成均匀的面团，加盖醒发至面团原体积2倍大。

茴香洗净，沥干水分后切碎。

茴香碎中放入1/2茶匙盐，用手抓匀后腌制10分钟。

用手挤去茴香中多余的水分，加剩余的盐、白糖、味精、色拉油拌匀。

> **小贴士**
> 茴香切碎后先用少许盐腌制后挤出水分，再调味的时候就不会出太多的水分。

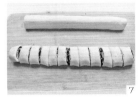

发好的面团揉搓排气，擀成厚5毫米的长方形，放上调好味的茴香碎铺匀。

由面片的一端开始卷起，接口处用手捏紧。

搓圆，分割成24等份。

2个剂子叠放在一起，中间用筷子压一下。

用手捏面剂子两头抻长，再相对旋转180°，一头围着手指转一圈，两头搭在一起压紧。所有的生坯都按照步骤8、9做好，再静置醒发20分钟。

锅内加水，把生坯放置到铺好打湿的屉布的蒸篦上，大火烧开，转中小火蒸15~20分钟。

蒸好的花卷取出晾凉，用刀在与花纹垂直的方向切片。

花卷片放入已经预热的电饼铛中，烤烙至两面金黄即可。

> **小贴士**
> 蒸好的花卷关火后过3分钟再开盖取出，成品外观会比较美观。

记得过去上学的时候，食堂经常卖玉米面发糕，黄灿灿的样子格外惹人喜爱，也是同学们争抢的主食之一。发糕做法简单，我们自己做时还可以添加自己喜欢的粗粮粉，更符合自己的口味。当今时代物质极大丰富，应该适当吃些粗粮，以便保持膳食的营养均衡。

　　黑米具有滋阴补肾、健脾暖肝、补益脾胃、益气活血、养肝明目等功效。经常食用黑米，有利于防治头昏、目眩、贫血、白发、眼疾、腰膝酸软、肺燥咳嗽、大便秘结、小便不利、肾虚水肿、食欲不振、脾胃虚弱等症。由于黑米所含营养成分多聚集在黑色皮层，故不宜精加工，以食用糙米或标准三等米为宜。

主食 核桃红枣黑米发糕

材料

原料

黑米面300克	水500克
小麦面粉300克	泡打粉5克
白糖10克	大红枣肉25克
鲜酵母12克	核桃仁25克
	植物油适量

做法

1
除酵母和水外所有原料放盆中。

2
鲜酵母中放入温水中，浸泡3分钟后搅匀。

3
盆中的粉类混合均匀。

4
倒入酵母水搅拌成较稠的面糊。

小贴士
发酵好的面糊不要搅拌或晃动，以免发酵产生的气体散失，影响成品发糕的松软度。

5
模具中刷一层油。

小贴士
模具如果不刷油，可以铺打湿的屉布后再倒入面糊。

6
倒入搅拌好的面糊，表面刮平。

7
模具加盖，发酵到面糊体积膨大1倍。

8
红枣肉卷起来切成片。

9
把红枣肉和核桃仁交替撒到已发酵好的面糊表面。

10
放入烧开的蒸锅中，大火蒸30分钟，取出稍晾后脱模、切块。

秋天，有利于调养生机，是最适宜进补的季节，稍加滋补便能收到祛病延年的功效。在冬季易患慢性心肺疾病者，更宜在秋天打好营养基础，以增强身体的应变能力，在冬季到来时，减少病毒感染的机会和防止旧病复发。秋季进补，应选用"补而不峻"、"防燥不腻"的平补食物，例如茭白、南瓜、莲子、桂圆、黑芝麻、红枣、核桃、银耳等。

酒酿也就是我们常说的醪糟，除了可以煮着吃，还可以用来做面食，不仅增加风味，且能促进面团的发酵。

这款发糕吃起来松松软软的，既有南瓜的香味又有淡淡的酒香。制作时面团要软一些，第一次醒发也要比做馒头时间长一些，这样蒸出的成品才会更加松软。

🥄 材料

原料

蒸熟的南瓜300克	鲜酵母15克
面粉900克	水130克
酒酿130克	

调料

植物油2汤匙
盐1茶匙
黑芝麻适量

🍳 做法

1 熟南瓜去皮。

2 过筛成南瓜泥。

3 面粉和酒酿放入南瓜泥中，加入用水溶化的鲜酵母。

4 搅拌成雪花状。

5 再揉搓成均匀的面团。

6 加盖醒发到面团原体积3倍大。

小贴士
发糕面团要比馒头面团软一些，成品才松软。

7 发好的面团放到案板上揉匀，擀成长方形面片，刷一层油，均匀撒入盐。

8 筛一层干面粉。

9 面片三折。

10 再擀开后对折。

小贴士
发酵好的面团比较湿且黏，可以多筛些干面粉辅助成形。

11 表面刷一层水，撒上黑芝麻，放到打湿的屉布上。

12 加盖醒发20分钟，至原面片体积的2~3倍大。

13 发好的生坯放入蒸锅。

14 加盖，大火蒸30分钟即可。

小贴士
蒸好的发糕要立即取出，晾凉后切块。

177

主食 **酸奶锅盔**

我特别喜欢带有浓郁麦香的食物，如馒头、烙饼、锅盔、法包等，原味中更能细细品味出小麦原本的清香。做这款锅盔时我加入了酸奶，使得它的口感更好，营养更丰富。

锅盔既可以用烤箱来烤制，也可以用电饼铛、平底锅来烙制。用叠压饬入干面的手法来成型，做出的锅盔内部有明显的层次，可以撕着吃。

🫑 材料

原料

面粉1000克
鲜酵母16克
酸奶200克
水200克

调料

白糖2茶匙
水1汤匙

🍚 做法

1. 酸奶倒入800克面粉中，鲜酵母溶于水中，再分次倒入面粉中。

2. 用筷子搅拌均匀。

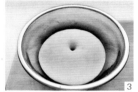

3. 揉搓成均匀的面团，加盖醒发到面团原体积2倍大。

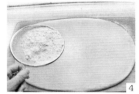

4. 发酵好的面团揉搓至完全排气，擀成厚度约为5毫米的长方形面片，表面筛入一层干面粉。

5. 面片先横向三折。

6. 再纵向三折（每层之间筛一层干面粉），擀开。

7. 重复步骤4~6，直到剩余的200克干面粉都用完。最后擀开成为厚度约为1厘米的面片，用圆形切模切出圆形的饼坯。剩余的面片边角可以揉在一起擀开，再切出饼坯。

8. 用馕戳子在饼坯表面打出花式孔洞。

小贴士

如果没有馕戳子，可以用牙签或者竹签在饼坯上扎眼，防止烤制的时候起鼓。

9. 做好的饼坯放置到盖帘上，盖上拧干的湿布醒发20分钟。

10. 烤箱预热至180℃。饼坯放入烤盘中，调料中的白糖和水放入小碗中搅拌至糖溶化。饼坯表面刷一层糖水，放入烤箱中180℃上下火烤20~25分钟即可。

小贴士

饼坯表面刷一层糖水，烤制时上色更漂亮。

鲜奶油黑豆渣馒头

主食

俗话说"二十八，把面发"，每年腊月二十八，北方人都会发面蒸馒头、花糕、包子，准备正月初一到初五的主食（过去的习俗认为初一到初五期间不能动火蒸馒头）。"蒸"预示着来年蒸蒸日上，"发"的意思是发财，财源滚滚。

这款黑豆渣馒头因为添加了鲜奶油和黑豆渣，奶香浓郁，增加了植物纤维的摄入，可以促进胃肠道的蠕动，有很好的排毒、减肥效果。黑豆渣是制作黑豆豆浆的下脚料，直接食用味道不佳，用来做面食却是非常可口。

材料

原料
面粉800克
黑豆渣200克
鲜奶油30克

调料
鲜酵母16克
温水350克

做法

1 鲜酵母用温水浸泡3分钟，搅拌均匀，把面粉、黑豆渣、鲜奶油放入盆中，分次倒入酵母水，拌匀后揉搓成均匀的面团，加盖醒发到面团原体积2倍大。

2 发酵好的面团揉搓至完全排气，搓成条。

3 分割成16个相等的剂子。

4 取一个剂子，转着圈把四边揉向中间。

5 最后像包包子一样把口收紧。

6 用手搓圆成馒头生坯。

7 放置到盖帘上，盖拧干的湿布醒发20分钟。

8 把馒头生坯放入已经铺好打湿的屉布的蒸锅内。

9 大火烧开，转小火蒸20分钟。

小贴士
锅内水烧开上汽后要立即转小火蒸，这样成品才饱满。

10 关火虚蒸3~5分钟后再开盖。

小贴士
关火后不能马上揭开锅盖，否则馒头会因大气压的作用回缩。

11 取出放到盖帘上即可。

小米面红枣豆包

　　小米又称粟米，我国北方很多地区的产妇都用小米加红糖来调养身体。记得我刚生了儿子的月子里，妈妈每天早晨给我熬一碗稠稠的小米粥，加红糖调好，搭配2个煮鸡蛋，还有炒香的芝麻。鸡蛋沾芝麻，再喝口红糖小米粥，吃得舒舒服服、暖暖的，奶水也特别多，儿子满月时体重就将近20斤了。

　　纯小米面的面团包起来有难度，因为小米面没什么筋性，包馅的时候容易开裂，所以又加了一些大黄米面以增强黏性。

材料

原料

小米面500克　　小枣100克　　鲜酵母10克

小麦面粉180克　　凉水300克　　白糖100克

红豆350克　　开水80克　　碱面1/2茶匙

制作关键

做豆馅的时候红豆皮、红枣皮都不要丢掉，因其富含纤维素，可以帮助消化。

做法

1 盆中先放入小米面，倒入开水搅匀，然后放入小麦面粉，倒入用凉水溶化的鲜酵母水，拌匀后和成团，加盖发酵6~8小时。

2 小枣和红豆分别洗净。

3 把小枣、红豆放入高压锅内，加4~5倍量的水。

4 放到炉子上大火烧开，上汽后煮30分钟。

5 稍晾后用手把小枣的枣核挤出来不要，枣皮和枣泥放入红豆中。

6 加入白糖。

7 用手把红豆抓碎，即成红豆枣泥馅。

8 再把红豆枣泥馅团成每个重40克的小球。

9 发酵好的面团中放入碱面，揉搓均匀。

10 把面团分割成每个重约60克的剂子，搓圆。

11 取剂子放在掌心，用手捏成灯盏窝状。

12 中间放入红豆枣泥馅。

13 把口收紧后搓圆。

小贴士

包好馅的坯子可以先用两手攥紧再搓圆，就不容易裂开。

14 做好的豆包放到已铺好打湿的屉布的蒸锅内，醒20分钟，开锅蒸30分钟即可。

主食 **团圆腊八粥**

农历十二月（即腊月）初八俗称"腊八节"，是我们中华民族传统的节日，在这天我国大多数地区都有吃腊八粥的习俗。腊八粥用多种（不局限于8种）当年收获的新鲜粮食和瓜果煮成，通常是甜味的。各种材料煮在一起，和谐、甜蜜而味美，象征着一家人团团圆圆，共享丰收的喜悦。也有地方的人们喜欢吃腊八咸粥，粥内除各种米、豆外，还要加肉丝、萝卜、白菜、粉条、海带、豆腐等。

🎃 材料

原料

大米、糯米、玉米糙、燕麦片、黏高粱米、荞麦米、绿豆、红花芸豆、核桃仁、葡萄干、青豌豆、菱角米各20克，花生米30克，桂圆干15克，水发莲子30克，栗子80克，黏玉米粒60克，鹰嘴豆30克，大枣50克，冰糖70克，水发枸杞10克

🍚 做法

1 称量好大米、糯米、玉米糙、燕麦片、黏高粱米、荞麦米。

2 再把红花芸豆、绿豆、核桃仁、菱角米、青豌豆、花生米放入盘中。

3 准备好栗子、桂圆干、黏玉米粒、水发莲子、鹰嘴豆、葡萄干。

4 把菱角米和红花芸豆放入碗中，加清水泡发。

小贴士

菱角米、红花芸豆不容易煮熟，要提前用清水泡发。

5 除大枣、冰糖、桂圆、葡萄干和水发枸杞外的所有材料放入小盆中，淘洗干净后放入高压锅内。

6 再放入足量的清水和洗净的大枣，加入冰糖。

7 放入桂圆干。

8 高压锅加盖，大火煮开上汽后转小火煮25分钟，关火闷10分钟。

9 放至高压锅内没有压力时开盖，放入葡萄干煮5分钟，最后撒入水发枸杞略煮即可。

小贴士

葡萄干和枸杞等容易煮烂的食材要最后再放入，这样煮出的粥口感更好。

主食 小米苹果粥

小米的品种很多，按米粒的性质可分为糯性小米和粳性小米两类；按谷壳的颜色可分为黄色、白色、褐色等多种，其中红色、灰色者多为糯性，白色、黄色、褐色、青色者多为粳性。著名小米品种有山西沁县黄小米、山东章丘龙山小米、山东金乡金米、河北桃花米等。

小米营养价值极高，因富含维生素B_1、维生素B_{12}等，故具有防止消化不良及口角生疮的功效。此外，小米还具有防止反胃、呕吐的功效，有滋阴养血的功能，可以使产妇虚寒的体质得到调养，帮助她们恢复体力；有减轻皱纹、色斑、色素沉着的功效。

苹果具有生津止渴、润肺除烦、健脾益胃、养心益气、润肠、止泻、解暑、醒酒等功效。苹果中的维生素C对心血管很有好处，经常吃苹果可以降低感冒的几率，还可以改善呼吸系统和肺功能，保护肺部免受污染和烟尘的影响。苹果中的胶质和微量元素铬能保持血糖的稳定，有效地降低胆固醇含量。

这道粥用小米搭配苹果，非常适合学生及脑力工作者晚餐食用，既可以健脾和胃，又可安神养心，且有助于睡眠。

材料

• 原料
苹果1个
小米100克
水1000克

制作关键

1. 小米粥不宜太稀薄。
2. 若你喜欢吃脆些的苹果，可以在粥煮好后再入锅，煮2分钟即可。

做法

1

所有材料准备好。

2

小米冲洗2遍。

小贴士

淘米时不要用手搓，不能长时间浸泡或用热水淘米。

3

苹果去皮、核后切小丁。

4

高压锅中先放入水，再放入小米。

5

然后放入苹果丁。

6

加盖，放到炉子上大火烧开，上汽后转小火煮20分钟即可。

187

主食 黏玉米饭

白米饭是不是吃腻了？那就变个花样蒸米饭吧，在米里面加入新鲜的黏玉米一同蒸，做出的米饭香软可口，吃在口中还有黏玉米粒稍脆的口感，很奇妙。

黏玉米与普通玉米相比，有更好的适口性，营养价值也较高，特别是铁、锌、硒含量都高于普通玉米。

材料

原料	调料
大米600克	花生油1茶匙
黏玉米1个	水适量

制作关键

1. 米和水的比例要掌握好。
2. 加入花生油蒸出的米饭米粒会发亮，味道也更香。

做法

1 黏玉米剥成粒。

2 大米淘洗干净。

3 把黏玉米粒放入大米中。

4 加入水至没过大米2厘米高。

5 把饭盆放入高压锅内，加入花生油。

6 高压锅加盖，大火烧开，上汽后转小火蒸15分钟，关火，放汽后再开盖。

第四篇

汤羹、饮品

► 可以食无肉
不可啖无汤

菠萝莲子银耳汤

汤羹

春季有新鲜的菠萝上市，用菠萝来煲甜汤特别好。菠萝有很好的食疗保健作用，它含有的菠萝蛋白酶能溶解血栓，防止血栓形成，大大减少心脏病人的死亡率。菠萝中所含的糖、盐及酶有利尿、消肿的功效，常饮新鲜菠萝汁对高血压症有益，也可用于肾炎水肿、咳嗽多痰等症的治疗。菠萝中大量的蛋白酶和膳食纤维能够帮助消化，对于预防、缓解便秘症状都有明显的效果。

芡实，又名鸡头米、水鸡头、鸡头苞等，被誉为"水中人参"，古药书中说它是"婴儿食之不老，老人食之延年"的佳品。它具有"补而不峻"、"防燥不腻"的特点，是进补的首选食物。芡实性平、味甘涩、无毒，入脾、肾经，具有固肾涩精、补脾止泄、利湿健中的功效，适用于腰膝痹痛、遗精、淋浊、带下、小便不禁、大便泄泻等病症。常吃芡实还可治疗老年人的尿频之症。经服用芡实调整脾胃之后，再吃补品或难以消化的补药，人体更容易适应。

材料

原料	调料	准备工作
菠萝肉50克	冰糖40克	1. 红莲子、芡实分别用清水提前泡发。
红莲子15克	红枣4粒	2. 菠萝肉切片。
芡实10克		
水发银耳30克		

做法

1 水发银耳去掉底部的黄根，洗净后撕成小朵。

2 炖盅内先放入红莲子和银耳。

3 再放入菠萝片。

4 然后放入冰糖。

5 放入洗净的红枣。

6 再放入适量的开水至炖盅八分满。

7 炖盅插上电源，盖好盖子炖煮2小时。

8 最后放入芡实再炖煮20分钟即可。

小贴士

炖盅功率不大，所以最好加开水，可以节约时间。水不要加得太满，八分满即可。

紫薯莲藕银耳羹

紫薯又叫黑薯，薯肉呈紫色至深紫色。它除了具有普通红薯的营养成分外，还富含硒元素和花青素。花青素对100多种疾病有预防和治疗作用，清除自由基的能力是维生素C的20倍、维生素E的50倍。

材料

原料

紫薯100克
莲藕150克
水发银耳70克
鸡头米30克

调料

冰糖40克
干淀粉2汤匙

做法

1

所有材料准备好，紫薯、莲藕洗净，水发银耳去黄根洗净。

2

紫薯去皮后切小块。

3

莲藕去皮切片，再切成1/4圆形。

4

把莲藕片、紫薯块放入锅内。

5

放入银耳。

6

放入冰糖。

7

加适量水，置火上大火烧开。

8

撇去浮沫后小火煮10分钟。

9

放入鸡头米煮开1分钟。

小贴士

鸡头米最后放，煮好后口感会比较韧。

10

放入已经调好的水淀粉勾芡，煮开即可。

木瓜银耳大枣汤

从云南买回来的原生态元宝红糖，富含多种微量元素；大枣富含维生素，可以使脸色红润；银耳中植物胶原蛋白含量丰富，对皮肤有很强的滋润及修复作用；木瓜丰乳的效果极好。上述食材在炖煮的过程中巧妙地融合在一起，你中有我我中有你。特别是晾凉后银耳溶于汤中，会使得汤汁变得浓稠而透明，看起来感觉很美妙，喝一口丝丝幸福涌上心头。

其实我更愿意把这道汤比作温柔、透明、纯净、甜美的女人，它甜而不腻，美而不妖，柔顺香滑，微微有点粘人，既可以欣赏它的雅致，又可以舒心地品尝它的温润甘甜。人的相貌是上天赋予不能改变，但是人的修养却是可以后天养成的。希望自己成为一个优雅、温柔、慈爱、勤劳、有追求的女性，像蝴蝶一样把美丽绽放；希望我能给身边的人带来幸福，也希望幸福常伴左右。

材料

原料

木瓜600克
红糖200克
大枣50克
干银耳25克

制作关键

1. 使用高压锅来烹制这道甜汤，既可以节省火力，又可以保持食材的完整。
2. 煮好的甜汤冷热皆可食用，夏季放入冰箱冷藏一夜口感更好。

做法

1

干银耳用清水泡发。

2

木瓜去皮、子后切块。

3

大枣洗净。

4

准备好红糖。

5

银耳去黄根后切成小朵，洗净。

6

把所有的原料放入高压锅内，加盖烧开上汽后转小火炖煮20分钟，再焖20分钟即可。

银耳鸡头米木瓜盅

　　只要多费点心思，普通的甜汤也可以做出高大上的感觉，味道一点儿也不比酒店的差。

　　木瓜具有健脾胃、助消化、解酒毒、降血压、催乳、消肿、通便、驱虫等功效，可以辅助治疗消化不良、胃炎、胃痛、十二指肠溃疡、心绞痛、高血压、坏血病、产妇乳汁少等疾病。银耳有强精、补肾、润肠、益胃、补气、和血、强心、滋阴、润肺、生津、补脑、提神、美容、嫩肤、延年益寿的功效，对于肺热咳嗽、肺燥干咳、妇女月经不调、胃炎、大便秘结等病症有一定的疗效。鸡头米在苏州是"水八鲜"之一，具有益肾、固精、补脾、止泻、祛湿、止带的作用。

材料

原料
木瓜1个（约700克）
鸡头米30克
水发银耳20克
冰糖30克

调料
干淀粉2茶匙
水发枸杞3粒

制作关键

1. 高压锅蒸木瓜时间不要太长，否则木瓜容易开裂。
2. 枸杞也可以和鸡头米一起放入木瓜内蒸，但颜色会稍稍变浅，不如后放的漂亮。

做法

1 所有材料准备好，水发银耳切去根部，撕成小朵。

2 木瓜先在底部切一小片，切口朝下便于放稳当。

3 用竹签侧着在木瓜上1/3处划出椭圆形。

4 再用锯齿雕刻刀切出锯齿形的花纹。

5 打开盖子，用勺子把木瓜子挖出来。

6 木瓜内先放入水发银耳。

7 再放入鸡头米。

8 最后放入冰糖和适量水。

9 盖上切下来的盖子，放入盘中，再放入高压锅内。

10 大火烧至上汽后转小火蒸10分钟。干淀粉加水调成水淀粉。

11 取出蒸好的木瓜，打开木瓜上面的盖子，把木瓜内的汤汁倒入小锅烧开，放入水淀粉勾芡。

12 把汤汁再倒回木瓜内，放入水发枸杞即可。

油桃百合银耳汤

　　秋季秋高气爽，空气相对干燥，秋燥易伤肺，这时就要注意补水、养肺、防秋燥。这款汤水非常适合秋季食用。

　　油桃有补益气血、养阴生津、止咳化痰、补气健肾的作用；油桃含有非常丰富的维生素C，可有效提高人体免疫力，保护牙齿、牙龈，而且还能减少雀斑，有美白护肤的功效；油桃的含铁量较高，是缺铁性贫血病人的理想辅助食物；油桃含钠少，含钾多，适合水肿病人食用；油桃不仅营养丰富，而且还能够使人产生饱腹感，有减肥瘦身的功效；油桃含有促进伤口愈合的胶原成分，可有效促使伤口结疤、愈合，达到修复状态。

　　百合具有解毒、理脾健胃、利湿消积、养阴润肺、宁心安神、促进血液循环等功效。

　　银耳有滋阴润肺、养胃生津等功效。

材料

原料
油桃4个（约800克）
百合20克
水发银耳80克

调料
冰糖150克

制作关键

1. 电压力锅烹调时内部有压力，油桃易熟，所以煮20分钟足矣。
2. 油桃要选择七八分熟的，炖汤较好。但这样的油桃有酸味，煮好的汤最好浸泡3~4小时再食用，甜味才能完全渗入其中。

做法

百合洗净，用水泡软。

水发银耳切去老根。

油桃去皮、核后切成块，放入电压力锅内。

再放入撕成小朵的银耳。

放入百合、冰糖。

加入适量的水。

电压力锅加盖，顶部旋钮扭至上锁状态，接通电源。

按"开始"键启动，食材选豆类蹄筋，烹饪方式选煲汤，压力选60。

再按"开始"键启动程序。

烹饪时间显示55分钟。

20分钟后按取消/保温，再点按快速排气按钮。

锅内无压力时开盖，晾凉后食用。

汤羹 **粟米蛋花羹**

在春寒料峭或寒风刺骨时，特别需要一碗滚烫甜美的汤羹，一碗喝下去，胃里立刻升腾起一股暖意，心也随之温暖起来，四肢也可以自由地伸展，使自己身体调整到最舒适和惬意的状态。

只要简单的几样食材，片刻工夫，一大锅冒着香甜热气的汤羹就做好了。既可以正餐食用，也可以作为夜宵甜品。

🥕 材料

原料

甜玉米1个
白糖60克
盐1/4茶匙
味精1/4茶匙
鸡蛋1个

调料

干淀粉4汤匙

🍲 做法

1

甜玉米剥去皮，去净玉米须，洗净。

小贴士

做这道汤羹以新鲜甜玉米为首选，也可以用罐头甜玉米粒代替。

2

把甜玉米掰成3段，放入锅内，加水煮熟。

3

捞出甜玉米段（煮玉米水不要倒掉），用刀把玉米粒切下来。

4

再把甜玉米粒剁成粗粒。

5

把甜玉米粒放回煮甜玉米的水中，再加适量的水。

6

大火煮开后，撇去浮沫。

7

干淀粉加水搅匀，淋入锅内，用勺子拌匀后煮开。

小贴士

羹要比汤浓稠，故勾芡要稠一些。

8

鸡蛋打入碗中，用筷子搅散。

9

把蛋液沿锅边淋入锅内。

小贴士

一定要勾芡后再淋入鸡蛋液，这样煮出的蛋花形状会比较漂亮。

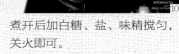
10

煮开后加白糖、盐、味精搅匀，关火即可。

已到深秋，秋雨过后室外变得更加清冷。这时一碗温暖身心又滋补身体的汤羹就成为首选。这道酒酿南瓜羹是用我自制的甜酒酿做成的，吃起来甜而微微有酒香味儿，感觉非常不错。

酒酿旧时叫"醴"，是用蒸熟的江米（糯米）拌上酒酵（一种特殊的微生物酵母）发酵而成的一种甜米酒，又称为醪糟、酒娘、米酒、甜酒、甜米酒、糯米酒、江米酒等。酒酿能够帮助血液循环、促进新陈代谢，具有补血养颜、舒筋活络、强身健体和延年益寿的功效。对腰背酸痛、手足麻木和震颤、风湿性关节炎、跌打损伤、消化不良、厌食烦躁、心跳过快、体质虚衰、元气降损、月经不调、贫血，以及产妇乳汁不足、血瘀、贫血等病症大有补益和疗效。

南瓜有补中益气、清热解毒、保护胃黏膜、帮助消化、防治糖尿病、降低血糖、消除致癌物质、促进生长发育等功效，南瓜中的果胶能控制饭后血糖上升，还能和体内多余的胆固醇结合在一起，使胆固醇吸收减少，血胆固醇浓度下降，因此特别适合高血糖、高血脂者食用。

制作关键

1. 南瓜选用老一点的比较好，吃起来面、甜，香味浓。
2. 酒酿较甜，所以这道汤羹不必再加糖了。

材料

原料
南瓜400克
酒酿300克

调料
干淀粉3汤匙

做法

南瓜洗净后切去外皮。

再切成大块。

放入锅中，加入适量的水。

煮至南瓜可以轻易被筷子插透。

干淀粉加入少许水调匀。

小贴士
干淀粉的量要足，加入锅里煮南瓜的汤汁变得比较浓稠为好。

煮南瓜的锅内放入酒酿。

煮开后沿锅边淋入淀粉水，快速用勺子推匀。

待锅内又开锅，汤汁变得浓稠时关火，盛出即可。

莲藕红豆汤

这道汤将红豆的香味和莲藕的清爽软糯很好地融合在一起，充满了自然的味道。

红豆和莲藕有补血、利湿、养心、健胃的功效，很适合夏天食用。

莲藕味甘，富含淀粉、蛋白质、维生素C和维生素B$_1$，以及钙、磷、铁等无机盐，藕肉易于消化，适宜老年人滋补身体。生藕性寒，有清热除烦、凉血止血散瘀之功；熟藕性温，有补心生血、滋养强壮及健脾胃之效。

红豆性平，味甘酸，有滋补强壮、健脾养胃、利水除湿、清热解毒、通乳汁之功效。红豆富含铁质，有补血的作用，是女性生理期间的滋补佳品。多摄取红豆，还有促进血液循环、强化体力、增强抵抗力的效果。

这道汤做法简单，营养丰富，糖尿病人也可以食用。

材料

原料

红豆150克

莲藕300克

水2000克

做法

1

莲藕洗净去皮。

2

把莲藕切成块。

3

红豆淘洗干净。

4

把红豆和莲藕放入高压锅内。

5

然后加入水。

6

高压锅加盖，放到炉子上大火烧至上汽，转小火煮20分钟。

小贴士

干红豆比较吸水，煮制时加水量要多一些。

小贴士

高压锅关火后再焖10分钟后开盖。煮好后可以加白糖或糖桂花调味。

水萝卜海带味噌汤

味噌，又称面豉酱，是以黄豆为主料，加入盐经发酵而成。在日本味噌是最受欢迎的调味料，它既可以做成汤品，又能与肉类烹煮成菜，还能做成火锅的汤底。由于味噌含有丰富的蛋白质、氨基酸和食物纤维，常食对健康有利，天气转凉时喝味噌汤还可暖身醒胃。

日本人的平均寿命在85岁以上，据说日本人的早餐通常是一碗米饭配味噌汤和一小盒纳豆，不知道他们长寿的秘密是不是在于此，但日本胖子的确是很少，除了相扑运动员。

这道汤所用味噌是我的朋友大迷糊专门从日本带回来送给我的，睹物思人，情谊深深，祝远方的朋友一切安好。

材料

原料

水发海带80克

水萝卜200克

味噌40克

调料

白糖1茶匙

盐1/4茶匙

香葱3克

做法

水萝卜和水发海带洗净。

水萝卜切滚刀块，水发海带切菱形片。

小贴士

水萝卜切滚刀块既方便入味，又易于成熟。

锅内加水，放入海带片和水萝卜。

味噌放入小碗中，加入适量的水，用小勺碾开至没有疙瘩。

小贴士

调好的味噌也可以过筛后再放入锅内，口感更细腻。

香葱切粒。

大火把锅内的水烧开。

撇去浮沫后加盖煮10分钟。

加入味噌、白糖、盐。

小贴士

味噌有咸味，盐要少量尝试着加。

再次撇去浮沫后关火，盛出后表面撒入香葱粒即可。

西红柿鸡蛋汤

西红柿鸡蛋汤可以说是最受大家喜爱的家常汤之一，这道汤虽然普通，但是要做到色香味俱全，也是有窍门的。

西红柿富含番茄红素，具有独特的抗氧化能力，可以清除人体内导致衰老和疾病的自由基，预防心血管疾病的发生，阻止前列腺的癌变进程，并有效地减少胰腺癌、直肠癌、喉癌、口腔癌、乳腺癌等癌症的发病危险。

番茄红素是一种脂溶性的维生素，经过加热和油脂烹调后，才更有利于发挥它的保健功效，所以西红柿要炒过再吃，对人体更有益。

材料

原料
西红柿1个（约150克）
鸡蛋1个

调料
大葱5克
香葱3克
盐1/2茶匙
干淀粉1汤匙
味精1/4茶匙
植物油适量

做法

1. 西红柿洗净后切块，大葱切片。

2. 起油锅，油温五成热时放入葱片爆香。

3. 再放入西红柿炒出红油。

小贴士
西红柿要炒出红油后再加水，汤的味道才浓郁。

4. 加入水、盐，大火烧开，煮5分钟。干淀粉加水调成水淀粉。

5. 水淀粉倒入锅中勾芡，煮开。

小贴士
汤里面勾芡后再淋蛋液，打出的蛋花才漂亮。

6. 鸡蛋打入碗中搅散，沿锅边淋入锅中，最后放入味精调匀，撒入切好的香葱圈即可。

银耳双笋鸡蛋羹

双笋是指莴苣和胡萝卜，莴苣又叫莴笋、香笋，胡萝卜也称为甘笋、红萝卜。

莴苣茎叶中含有莴苣素，味苦，能促进胃液分泌、刺激消化、增进食欲，并具有镇痛和催眠的作用。经常食用新鲜莴苣，可以防治缺铁性贫血。莴苣中的钾离子含量丰富，是钠含量的27倍，有利于调节体内盐的平衡，对于高血压、心脏病等患者，具有利尿、降低血压、预防心律紊乱的作用。

胡萝卜含有丰富的胡萝卜素，用油炒过以后转变成维生素A，有补肝明目、增强人体免疫力、抗癌等作用。妇女进食胡萝卜可以降低卵巢癌的发病率。

材料

原料

莴苣300克	鸡蛋2个
胡萝卜50克	鸡汤适量
水发银耳50克	

调料

大蒜3克	胡椒粉1/4茶匙
香菜5克	干淀粉3汤匙
盐1/2茶匙	植物油适量
味精1/4茶匙	

制作关键

1. 胡萝卜要用油炒过以后，营养成分才容易被人体吸收。
2. 加入鸡汤可以增加这道汤羹的鲜味。

做法

准备好鸡汤。

水发银耳洗净。

把银耳去掉黄色的根部，撕成小朵。

莴苣和胡萝卜，削去皮，切成丝。

香菜切段，大蒜切片。

鸡蛋打入碗中搅打均匀。

起油锅，放入蒜片爆香。

再放入胡萝卜丝略炒。

锅内放入鸡汤和适量清水，大火烧开。

再放入莴苣丝煮3分钟。

放入已经用水调匀的淀粉快速搅匀。

淋入鸡蛋液，加盐、味精、胡椒粉调味，最后撒入香菜段即可。

豆皮西葫芦鸡蛋羹

这是我专门为公公婆婆设计的一道汤羹，不仅因为秋冬季节天气干燥，需要多补充水分，还因为他们是南方人，主食以米饭为主，餐桌上一定要准备一道汤羹。北方人主食多为面食（馒头、包子、饼等），会配有粥或稀饭，汤有没有皆可。

油豆皮是煮好的豆浆稍凉后上面结的一层薄薄的皮，通常一大锅豆浆只能揭2~3张油豆皮，所以价格比较贵。油豆皮也是做腐竹的原料。油豆皮含有丰富的优质蛋白质和卵磷脂、矿物质，具有防止血管硬化、保护心脏和心血管的功效，还可以补充钙质。

西葫芦是南瓜的一个变种，又名快瓜、笋瓜、搅瓜、白南瓜、角瓜、美洲南瓜、芝瓜等。西葫芦含有较多维生素C、葡萄糖等营养物质，尤其是钙的含量极高，具有清热利尿、除烦止渴、润肺止咳、消肿散结的功能，可用于辅助治疗水肿腹胀、烦渴、疮毒以及肾炎、肝硬化腹水等症。

汤是用蒸、煮、炖、汆等烹饪技法对原料进行烹制，汁宽，成菜过程中无需勾芡的一类菜肴；羹是对小型原料（如丁、丝、片、粒）用蒸、煮、烩、炖等方法烹调，其口味醇厚，味型多变，一般都需勾芡形成半汤半菜类菜肴。

材料

原料	调料	
西葫芦250克	干淀粉1汤匙	胡椒粉1/4茶匙
油豆皮80克	盐1茶匙	大葱3克
鸡蛋2个	味精1/4茶匙	植物油适量

做法

西葫芦切细丝。

油豆皮切条。

大葱切片。

起油锅，油温四成热时放入大葱片爆出香味。

再放入西葫芦丝煸炒至变色。

放入油豆皮、盐和适量水，大火烧开2~3分钟。

小贴士

西葫芦易熟，所以不要煮的时间太长，以免煮烂不成形。

干淀粉加水调成水淀粉，淋入锅内搅匀。

小贴士

羹要有一定的稠度，所以淀粉的量不能随意减少。

再把打匀的鸡蛋液淋入锅内，加胡椒粉、味精调匀即可。

蜂蜜陈皮茶

立秋节气是从"夏秋养阳"过渡到"秋冬养阴"的转折点。立秋预示着炎热的夏天即将过去，秋天即将来临。秋季气候变得干燥，肺气过旺就会导致咳嗽、咯黄痰等呼吸系统问题。这道蜂蜜陈皮茶非常适合秋季饮用。

蜂蜜具有化痰止咳、润肺、消食、提高免疫力、养颜护肤、消炎止痛等功效，且对心血管有益。

陈皮味辛、苦，性温，归脾、胃、肺经，气香宣散。陈皮有理气健脾、调中、燥湿、化痰、利水通便等作用，对于脘腹胀满或疼痛、消化不良、食欲不振、咳嗽多痰有一定的疗效。但是气虚体燥、阴虚燥咳、吐血及内有实热者慎服。

鲜橘皮与陈皮虽然是同一种东西，但性质却大不相同。鲜橘皮含挥发油较多，不具备陈皮那样的药用功效，而陈皮中挥发油含量大为减少，黄酮类化合物含量会相对增加，这时陈皮的药用价值才能体现出来。另外，鲜橘皮表面通常有农药和保鲜剂污染，这些化学制剂有损人体健康，用它泡水还可能对健康产生不良影响。

陈皮是越陈越好，以新会陈皮品质为最好，没有的可以去药店购买，价格也不贵。我用的陈皮是三年陈的。

🥄 材料

原料	调料
陈皮10克	蜂蜜1汤匙

🥣 做法

准备好陈皮，水烧开。

小贴士

陈皮要选用3年以上的。

把陈皮放入杯中。

先冲入半杯开水，摇晃几下。

倒去杯中的水。

杯中再重新加满开水。

浸泡5分钟左右，水温降至70℃以下时放入蜂蜜搅匀即可。

小贴士

水温降至70℃以下时再放入蜂蜜，蜂蜜的营养才不会被破坏。

215

饮品 **蜂蜜生姜焦红枣茶**

这款饮品做法还是姥姥教给我的，煮好的茶入口枣香浓郁，甜润适口。冬季天气寒冷，人们容易患感冒，消化功能也会减弱，皮肤容易干燥。这款温暖的饮品非常适合冬季饮用，可以暖胃、助消化、补血养颜、预防感冒、润肺止咳，冬季感冒或者生理期的女性饮用特别好，也适宜患有心血管疾病的人饮用。

焦红枣就是把红枣用锅炒至表面焦糊，这时红枣中的糖变成了焦糖色。可以一次多做点，密封后能保存较长时间，随时取用。不要惧怕变焦，植物碳对人体是有好处的，可以清肠胃、排毒，炒焦的红枣浸泡后颜色和味道才美。焦枣有暖胃、助消化、补血养颜的作用；生姜可以促进血液循环、增进食欲；蜂蜜含有多种微量元素，有润肺止咳、滋补五脏的作用。

🌰 材料

原料
金丝小枣600克
（其他品种亦可）

调料
枣花蜂蜜2汤匙
生姜10克

🧂 做法

金丝小枣洗净后沥干水分，放入烧热的锅中。

小火慢慢翻炒。

小贴士
炒枣的时候火一定不要太大，并且要不停地翻动，上色才均匀。

直到金丝小枣外皮大部分变得焦黑，离火晾凉。

生姜去皮后切成片。

取6颗炒焦的金丝小枣，用刀把枣肉切开。

把生姜和焦枣放入茶壶中。

冲入滚开的水，加盖浸泡。

准备好枣花蜂蜜。

待茶壶中的水温降至60~70℃时，加入枣花蜂蜜调匀即可饮用。

小贴士
枣花蜂蜜不要直接加到开水里面，以免营养素被破坏。

饮品 # 李子酒

　　李子味甘酸、性凉，具有清肝涤热、生津液、利小便的功效，特别适合于治疗胃阴不足、口渴咽干、小腹水肿、小便不利等症状，对肝病有较好的保养作用，贫血者适度食用李子对健康大有益处。李子果实中含有较多的碳水化合物及微量蛋白质、脂肪、胡萝卜素、维生素B_1、维生素B_2、维生素C、钙、铁、氨基酸等成分。

　　多食李子会生痰，助湿，甚至令人发虚热，脾胃虚弱者宜少吃。李子性寒，肠胃消化不良者应少吃，否则会引起轻微的腹泻。

🧄 材料

- 原料
  高度白酒500克
  李子3个

制作关键

只有经过一段时间的浸泡，李子酒的颜色才会变得红亮。

做法

1
准备好材料。

李子洗净，用刀削一层带肉的厚皮，切小块。
2

李子肉也切小块。
3

把李子皮和李子肉分别装入小酒瓶中。
4

小贴士

如果你喜欢味道甜一点的，可以适当加点冰糖在小酒瓶中。

5
倒入高度白酒至九分满。

6
小酒瓶盖好盖子，放于阴凉处静置20天即可饮用。

饮品 柠檬蜂蜜冰饮